Nirmal Parmar
Kevin Shah

Conceção e análise de um permutador de calor do tipo casco e tubo

Nirmal Parmar
Kevin Shah

Conceção e análise de um permutador de calor do tipo casco e tubo

Método de Taguchi e análise CFD

ScienciaScripts

Imprint
Any brand names and product names mentioned in this book are subject to trademark, brand or patent protection and are trademarks or registered trademarks of their respective holders. The use of brand names, product names, common names, trade names, product descriptions etc. even without a particular marking in this work is in no way to be construed to mean that such names may be regarded as unrestricted in respect of trademark and brand protection legislation and could thus be used by anyone.

Cover image: www.ingimage.com

This book is a translation from the original published under ISBN 978-3-330-35244-5.

Publisher:
Sciencia Scripts
is a trademark of
Dodo Books Indian Ocean Ltd. and OmniScriptum S.R.L publishing group

120 High Road, East Finchley, London, N2 9ED, United Kingdom
Str. Armeneasca 28/1, office 1, Chisinau MD-2012, Republic of Moldova, Europe
Printed at: see last page
ISBN: 978-620-7-68021-4

SOBRE OS AUTORES

Kevin shah, B.Eng., Estudou na Índia, na Universidade Tecnológica de Gujarat, onde concluiu o bacharelato em engenharia mecânica (2013-17) e concluiu o ensino secundário em 2013. Trabalhou em vários projectos relacionados com a transferência de calor e massa. Concluiu com sucesso a sua dissertação sobre "Conceção e análise de um permutador de calor do tipo Shell e Sube". Participou em vários workshops e sessões de formação. Está mais inclinado para a modelação mecânica, desenho e conceção.

Nirmal Parmar, M.Eng., está atualmente a fazer um doutoramento no departamento de engenharia mecânica da Universidade Técnica Checa (CTU) em Praga. O objetivo da investigação de doutoramento é desenvolver um método de poupança de energia em sistemas térmicos com a ajuda da análise termodinâmica. Obteve o bacharelato em Engenharia Mecânica na Universidade Veer Narmad South Gujarat (VNSGU), Índia. Obteve o grau de Mestre em Engenharia no domínio especializado da Engenharia Térmica na Universidade Tecnológica de Gujarat (GTU), Índia. Recebeu também o grau equivalente de Mestre em Ciências na área da Mecânica Aplicada da Universidade Técnica Checa em Praga, na Europa. Foi selecionado para o primeiro programa de estágio de investigação indo-alemão pela Universidade Tecnológica de Gujarat para ganhar experiência de investigação internacional na Universidade de Wismar, Alemanha. Após a conclusão bem sucedida do estágio de investigação, continuou a trabalhar como professor assistente no Neotech Technical Campus, GTU, durante dois anos. Durante a sua carreira, conduziu dois grandes projectos de investigação no domínio da transferência de calor, da mecânica dos fluidos e da energia. Além disso, publicou artigos nacionais e internacionais e dois livros; com base no trabalho de investigação em que participou.

RECONHECIMENTO

Prerna Shah, do Departamento de Engenharia Mecânica da Faculdade de Engenharia do Governo, Bharuch. As suas soluções e comentários úteis, enriquecidos pela sua experiência, contribuíram para melhorar o projeto.

Estou grato ao Sr. Nirmal Parmar, M.Eng. pela orientação subjectiva relativamente ao meu trabalho de tese.

É de facto um prazer para mim expressar a minha sincera gratidão a todos aqueles que sempre me ajudaram neste trabalho de tese. Finalmente, muito obrigado aos colegas e amigos que contribuíram com os seus conselhos e apoio no trabalho de tese.

KEVIN SHAH

NIRMAL PARMAR

RESUMO

O permutador de calor é o elemento principal no que respeita à transferência de calor e à conservação de energia. Há muitos tipos de permutadores de calor disponíveis, mas devido à grande variedade de possibilidades de conceção, ao fabrico simples, ao baixo custo de manutenção, o permutador de calor de fluxo cruzado e de contrafluxo é amplamente utilizado nas indústrias petrolífera, petroquímica, de ar condicionado, de armazenamento de alimentos e outras. O permutador de calor de casco e tubo é amplamente utilizado nas indústrias como uma instalação de refrigeração para transferir o calor residual da máquina de moldagem por injeção para a água de arrefecimento para melhorar a eficiência da máquina de moldagem por injeção. As transformações do calor residual da máquina de moldagem por injeção para a água de arrefecimento dependem da capacidade de troca de calor dos permutadores de calor. Para aumentar a capacidade de troca de calor do permutador de calor, é feita uma otimização que procura identificar a melhor combinação de parâmetros dos permutadores de calor.

O parâmetro prefixo (diâmetro do tubo) é utilizado como variável de entrada e o parâmetro de saída é a diferença máxima de temperatura do permutador de calor de casco e tubo.

São criados nove modelos com base no método de Taguchi no NX 10.00 e a análise CFX é efectuada no ANSYS 14.5. Os resultados obtidos indicam a melhor dimensão do permutador de calor para uma temperatura mínima de saída da água.

ÍNDICE DE CONTEÚDOS

CAPÍTULO 1
INTRODUÇÃO

1.1 Introdução

Um permutador de calor é um dispositivo construído para a transferência eficiente de calor de um meio para outro. Os meios podem estar separados por uma parede sólida, de modo a nunca se misturarem, ou podem estar em contacto direto. São amplamente utilizados no aquecimento de espaços, refrigeração, ar condicionado, centrais eléctricas, fábricas de produtos químicos, fábricas petroquímicas, refinarias de petróleo, processamento de gás natural, aplicações criogénicas e tratamento de águas residuais. Um exemplo comum de um permutador de calor é o radiador de um automóvel, no qual a fonte de calor, sendo um fluido quente de arrefecimento do motor, a água, transfere calor para o ar que flui através do radiador (ou seja, o meio de transferência de calor).

1.1.1 Disposição do fluxo

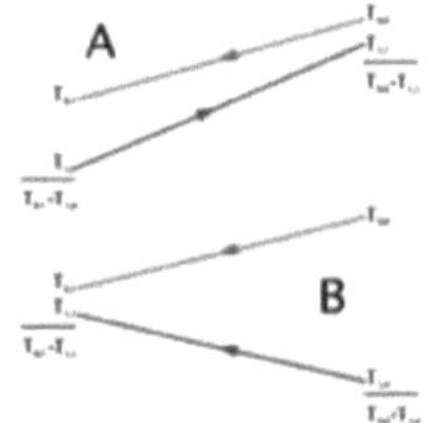

Fig 1.1 Em contracorrente (A) e em paralelo (B)

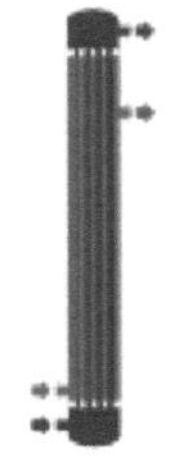

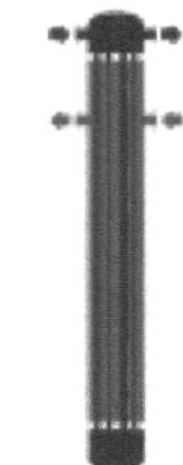

Fig. 1.2: Permutador de calor de casco e tubo, passagem única (fluxo paralelo 1-1)

Fig. 1.3: Permutador de calor de casco e tubo, lado do tubo de 2 passagens (fluxo cruzado 1-2)

Fig. 1.4: Permutador de calor de casco e tubo, lado do casco com 2 passagens, lado do tubo com 2 passagens (2-2 contracorrente)

Existem duas classificações principais de permutadores de calor de acordo com a sua disposição de fluxo. Nos permutadores de calor de fluxo paralelo, os dois fluidos entram no permutador na mesma extremidade e deslocam-se paralelamente um ao outro para o outro lado. Nos permutadores de calor de contra-corrente, os fluidos entram no permutador a partir de extremidades opostas. A conceção em contracorrente é a mais eficiente, na medida em que permite transferir a maior quantidade de calor do meio de aquecimento (transferência). Ver permuta em contracorrente. Num permutador de calor de fluxo cruzado, os fluidos deslocam-se aproximadamente perpendicularmente um ao outro através do permutador.

Para maior eficiência, os permutadores de calor são concebidos para maximizar a área da superfície da parede entre os dois fluidos, minimizando a resistência ao escoamento do fluido através do permutador. O desempenho do permutador pode também ser afetado pela adição de alhetas ou ondulações numa ou em ambas as direcções, que aumentam a área de superfície e podem canalizar o fluxo de fluido ou induzir turbulência.

A temperatura de condução através da superfície de transferência de calor varia com a posição, mas pode ser definida uma temperatura média adequada. Na maioria dos sistemas simples, esta é a "diferença de temperatura média registada" (LMTD). Por vezes, o conhecimento direto da LMTD não está disponível e é utilizado o método NTU.

1.2 Tipos de permutadores de calor

- Permutador de calor de casco e tubo

- Permutadores de calor de placas

- Permutador de calor de placas e casco

- Permutador de calor de roda adiabática

- Permutador de calor de alhetas

- Permutador de calor de placas de almofada

- Permutadores de calor de fluidos

- Unidades de recuperação de calor residual

- Permutador de calor dinâmico de superfície raspada

- Permutadores de calor de mudança de fase

- Permutadores de calor de contacto direto

1.2.1 Trocador de calor de casco e tubo

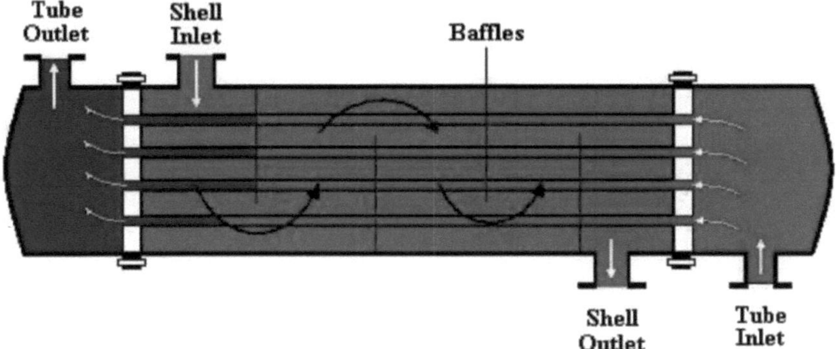

Fig 1.2.1 Um permutador de calor de casco e tubo

Os permutadores de calor de casco e tubo são constituídos por uma série de tubos. Um conjunto destes tubos contém o fluido que deve ser aquecido ou arrefecido. O segundo fluido corre sobre os tubos que estão a ser aquecidos ou arrefecidos, de modo a poder fornecer o calor ou absorver o calor necessário. Um conjunto de tubos é designado por feixe tubular e pode ser constituído por vários tipos de tubos: lisos, com alhetas longitudinais, etc. Os permutadores de calor de casco e tubos são normalmente utilizados para aplicações de alta pressão (com pressões superiores a 30 bar e temperaturas superiores a 260°C). Isto deve-se ao facto de os permutadores de calor de casco e tubo serem robustos devido à sua forma.

Antes de projetar os permutadores de calor, devem ser consideradas várias concepções térmicas. Verifica-se que as extremidades de cada tubo estão ligadas a caixas de água através de orifícios nas chapas dos tubos. Os tubos podem ser de diferentes tipos, consoante as necessidades.

- **Diâmetro do tubo**: Se o diâmetro do tubo for pequeno, o permutador de calor é económico e compacto. No entanto, o tubo suja-se mais rapidamente e o seu pequeno tamanho dificulta a limpeza mecânica da sujidade. Assim, para determinar o diâmetro do tubo, devem ser considerados muitos factores.

1.2.1 B Feixe e inserção do tubo

- **Espessura do tubo**: A espessura da parede dos tubos pode ser determinada tendo em conta os seguintes factores
- Corrosão dos tubos
- Resistência ocorrida na vibração induzida pelo fluxo
- Resistência axial dos tubos
- Disponibilidade de componentes
- Resistência do aro
- Resistência à encurvadura
- **Comprimento do tubo**: Quanto mais pequeno for o diâmetro do casco, mais baratos serão os permutadores de calor. Assim, os permutadores de calor são fabricados com o maior comprimento possível. Mas sem exceder as capacidades de produção. Há muitas limitações para isso, incluindo o espaço disponível na instalação e a necessidade de garantir que os tubos estejam disponíveis em comprimentos que são o dobro do comprimento necessário. Além disso, os tubos longos e finos são difíceis de retirar e substituir.
- **Passo do tubo**: Ao projetar os tubos, a distância centro-centro dos tubos adjacentes não deve ser inferior a 1,25 vezes o diâmetro exterior dos tubos. Um passo de tubo maior leva a um diâmetro total do casco maior, o que acaba por tornar o permutador de calor mais caro e mais volumoso.
- **Corrugação do tubo**: Este tipo de tubo aumenta a turbulência dos fluidos de trabalho e o seu

efeito é muito importante na transferência de calor, proporcionando um melhor desempenho.

- **Disposição dos tubos**: Existem quatro tipos principais de disposição de tubos - triangular (30°), triangular rodada (60°), quadrada (90°) e quadrada rodada (45°). Os padrões triangulares têm uma maior transferência de calor, uma vez que forçam o fluido a fluir de forma mais turbulenta à volta da tubagem. Os padrões quadrados produzem um efeito de incrustação elevado e a limpeza é mais regular.

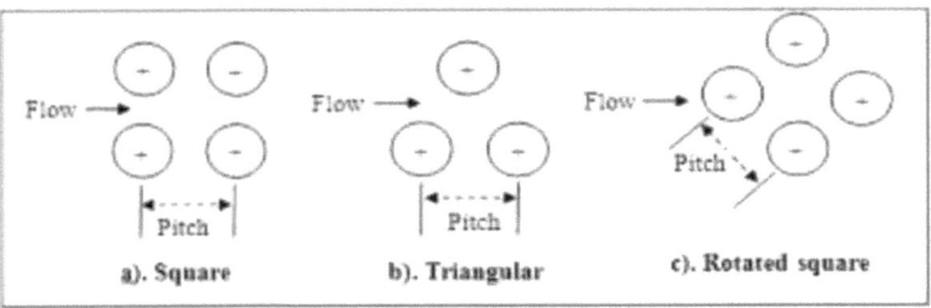

1.2.1 C Tipos de disposição do campo

1.2.2 Permutador de calor de placas

Outro tipo de permutador de calor é o permutador de calor de placas. É composto por várias placas finas, ligeiramente separadas, que têm áreas de superfície muito grandes e passagens de fluxo de fluido para transferência de calor. Esta disposição de placas empilhadas pode ser mais eficaz, num determinado espaço, do que o permutador de calor de casco e tubo. Os avanços na tecnologia de juntas e de soldadura tornaram o permutador de calor de placas cada vez mais prático. Em aplicações HVAC, grandes permutadores de calor deste tipo são chamados de placa e estrutura; quando usados em circuitos abertos, estes permutadores de calor são normalmente do tipo de junta para permitir desmontagem, limpeza e inspeção periódicas. Existem muitos tipos de permutadores de calor de placas permanentemente ligadas, como as variedades de placas soldadas por imersão e por vácuo, e são frequentemente especificadas para aplicações de circuito fechado, como refrigeração. Os permutadores de calor de placas também diferem nos tipos de placas que são utilizadas e nas configurações dessas placas. Algumas placas podem ser estampadas com "chevron" ou outros padrões, enquanto outras podem ter aletas e/ou ranhuras maquinadas.

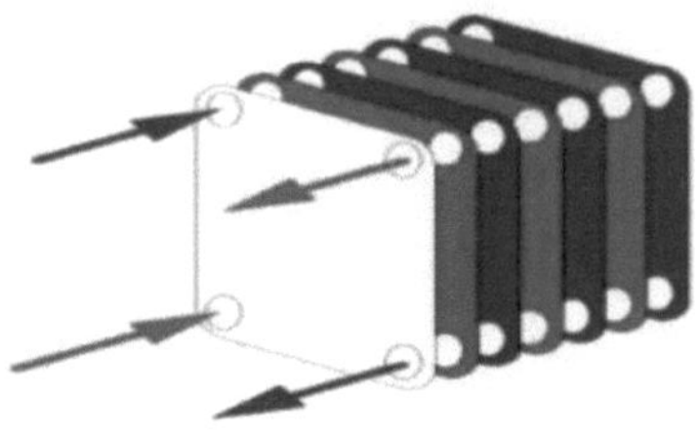

Fig 1.2.2 (A) Diagrama concetual de um permutador de calor de placa e estrutura.

Fig 1.2.2(B) permutador de calor de placa simples

1.2.3 Unidades de recuperação de calor residual

Uma unidade de recuperação de calor residual (WHRU) é um permutador de calor que recupera o calor de um fluxo de gás quente, transferindo-o para um meio de trabalho, normalmente água ou óleos. O fluxo de gás quente pode ser o gás de escape de uma turbina a gás ou de um motor a gasóleo ou um gás residual da indústria ou da refinaria.

1.2.4 Permutador de calor dinâmico de superfície raspada

Outro tipo de permutador de calor é designado por "permutador de calor de superfície raspada (dinâmico)". Este é utilizado principalmente para aquecimento ou arrefecimento com produtos de alta viscosidade, processos de cristalização, evaporação e aplicações de elevada incrustação. Os longos tempos de funcionamento são alcançados devido à raspagem contínua da superfície, evitando assim a incrustação e alcançando uma taxa de transferência de calor sustentável durante o processo. A fórmula utilizada para este efeito será

Q=A*U*LMTD,

Onde Q= taxa de transferência de calor

1.2.5 Trocadores de calor com mudança de fase

Para além de aquecerem ou arrefecerem fluidos numa única fase, os permutadores de calor podem ser utilizados para aquecer um líquido para o evaporar (ou ferver) ou utilizados como condensadores para arrefecer um vapor e condensá-lo num líquido. Nas fábricas de produtos químicos e nas refinarias, os reboilers utilizados para aquecer a alimentação de entrada das torres de destilação são frequentemente permutadores de calor.

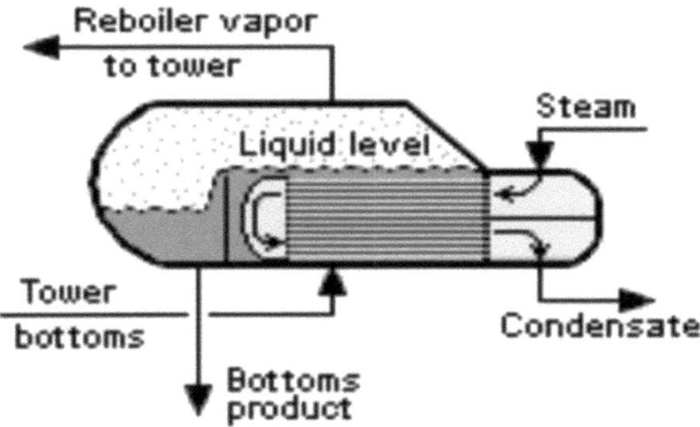

Fig 1.2.5 Caldeira de decantação típica utilizada em torres de destilação industriais

As instalações de destilação utilizam normalmente condensadores para condensar os vapores de destilado de volta ao líquido.

As centrais eléctricas com turbinas a vapor utilizam normalmente permutadores de calor para ferver a água e transformá-la em vapor. Os permutadores de calor ou unidades semelhantes para produzir vapor a partir da água são frequentemente designados por caldeiras ou geradores de vapor.

Nas centrais nucleares denominadas reactores de água pressurizada, os grandes permutadores de calor especiais que passam o calor do sistema primário (central do reator) para o sistema secundário (central de vapor), produzindo vapor a partir da água no processo, são denominados geradores de vapor. Todas as centrais eléctricas alimentadas por combustíveis fósseis e nucleares que utilizam turbinas a vapor têm condensadores de superfície para converter o vapor de escape das turbinas em condensado (água) para reutilização.

Para conservar a energia e a capacidade de arrefecimento em instalações químicas e outras, os permutadores de calor regenerativos podem ser utilizados para transferir calor de um fluxo que necessita de ser arrefecido para outro fluxo que necessita de ser aquecido, como o arrefecimento de destilados e o pré-aquecimento da alimentação da caldeira.

1.2.6 Permutadores de calor de contacto direto

Os permutadores de calor de contacto direto envolvem a transferência de calor entre correntes quentes e frias de duas fases na ausência de uma parede de separação. Assim, estes permutadores de calor podem ser classificados como

> Gás - líquido
> Líquido imiscível - líquido

> Sólido-líquido ou sólido-gás

A maioria dos permutadores de calor de contacto direto pertence à categoria de gás-líquido, em que o calor é transferido entre um gás e um líquido sob a forma de gotas, películas ou sprays. Estes tipos de permutadores de calor são utilizados predominantemente em instalações de ar condicionado, humidificação, arrefecimento de água e condensação.

Os permutadores de calor em fornos de combustão direta, típicos em muitas residências, não são "serpentinas". São, em vez disso, permutadores de calor gás-ar que são tipicamente feitos de chapa de aço estampada. Os produtos da combustão passam de um lado destes permutadores de calor e o ar a ser condicionado do outro. Um permutador de calor rachado é, portanto, uma situação perigosa que requer atenção imediata, porque os produtos de combustão são susceptíveis de entrar no edifício.

1.2.8 Permutador de calor de tubo helicoidal

Os tubos enrolados helicoidalmente podem ser encontrados em muitas aplicações, incluindo processamento de alimentos, reactores nucleares, permutadores de calor compactos, sistemas de recuperação de calor, processamento químico, permuta de calor de baixo valor e equipamento médico. Os tubos curvos são de interesse para a comunidade médica, uma vez que o fluxo sanguíneo ocorre em muitas artérias que são curvas. As bobinas helicoidais são muito atraentes para vários processos, como permutadores de calor

Devido à utilização extensiva de bobinas helicoidais nestas aplicações, é muito importante conhecer a queda de pressão, os padrões de fluxo e as características de transferência de calor. As características da queda de pressão são necessárias para avaliar a potência da bomba necessária para superar as quedas de pressão e fornecer os caudais necessários. Estas quedas de pressão são também funções da curvatura do tubo. A curvatura induz padrões de fluxo secundários perpendiculares à direção do fluxo axial principal. Tipicamente, o fluido no núcleo do tubo move-se em direção à parede exterior e depois regressa à parte interior do tubo, fluindo de volta ao longo da parede, como se mostra na Figura.

Fig 1.2.8 Tubo helicoidal

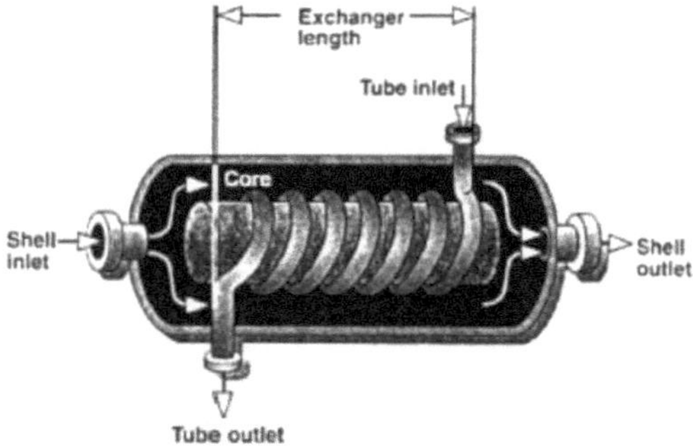

Fig 1.2.8(A) Permutador de calor de tubo helicoidal

Nesta configuração, o deflector é necessário para que o fluido não passe diretamente através do invólucro com uma interação mínima com a bobina. Este deflector altera a velocidade do fluxo em torno da bobina e é de esperar que existam possíveis zonas mortas na área entre as bobinas onde o fluido não estaria a fluir. O calor teria então de ser conduzido através do fluido nestas zonas, reduzindo a eficácia da transferência de calor no exterior da bobina. Além disso, as recomendações para o cálculo do coeficiente de transferência de calor no exterior baseiam-se no escoamento sobre um banco de tubos circulares não escalonados, o que constitui outra aproximação para ter em conta a geometria complexa. Assim, os principais inconvenientes deste tipo de permutador de calor são a dificuldade em prever os coeficientes de transferência de calor e a área de superfície disponível para a transferência de calor. Estes problemas surgem devido à falta de informação nos permutadores de calor helicoidais fluido-fluido e à fraca previsibilidade do fluxo em torno do exterior da bobina.

CAPÍTULO 2

PESQUISA BIBLIOGRÁFICA

2.1 Revisão da literatura

Sr No.	Year	Title	Abstract
1	2014	Thermal Analysis of STHE to Demonstrate the Heat Transfer Capabilities of Various Thermal Materials using Ansys	A simplified model of counter flow STHE designed to cool water from 55□ to 45□ by water at room temperature. The design has been done using Kern's method in order to obtain various dimensions such as shell, tubes, baffles etc. A computer model using ANSYS 14.5 has been developed by using the derived dimensions of heat exchanger.

| 2 | 2015 | Optimization of STHE for Tube Arrangements | The objective of the paper is to study the different parameters affecting heat transfers of a STHE & optimize to get the maximum heat transfer using CFD analysis. Computational analysis mainly carried out in the case of baffle angle and tube arrangement. 5° baffle angle and 45° circular arrangement with 3 cm pitch show uniform tube arrangement and better heat transfer coefficient than other arrangements. |

| 3 | 2015 | CFD Analysis of a STHX & determining the effect of baffle angle on heat transfer | In this present work, we investigated the impacts of various baffle inclination angles on fluid flow and the heat transfer characteristics for three baffles inclination angles namely 0°, 45° and -45°. The results are observed that heat transfer is found to be more in the case of 45 degrees as compared to the -45 degrees case. |

4	2015	Design of helical baffle in STHX with using copper oxide(ii) nano particle	16 This paper experimental investgation of helical baffle heat exchanger using the Kern method with varied shell side flow rates. This is a proven method used in counter flow design of HX with a baffle cut of 25%. The paper also consists of the thermal analysis of a helixchanger (Continuous Helical baffled Heat Exchanger) using the Kern method, modified to estimate the results for different flow rates at a fixed helical angle of 5,10,15,20°.

| 5 | 2014 | Performance Analysis of STHX under the Effect of Varied Operating Conditions | This paper consists of extensive thermal analysis of the effects of severe loading conditions on the performance of the heat exchanger. To serve the purpose a simplified model of shell and tube type heat exchanger has been designed using kern's method to cool the water from 55 to 45 by using water at room temperature. We have tested the HX under various flow conditions using the insulations of aluminium foil, cotton wool, tape, foam, paper etc. We have also tested the HX under various ambient temperatures to see its effect on the performance. |
| 6 | 2013 | Numerical And Experimental Study Of Helix Heat Exchanger | The analysis has been made for both cold and hot fluid. It was found that the increase in total heat transfer rate is 09% to 23% for the STHXHB compared with STHX for different hot fluid velocities. It is also concluded that STHXHB have a higher total heat transfer rate and a lower pressure drop when compared to the STHX for the same mass flow rate and inlet condition. There is good agreement between numerical and experimental results |

| 7 | 2015 | Review on Experimental Analysis and Performance Characteristic of Heat Transfer In Shell and Twisted Tube Heat Exchanger | There are limitations associated with the technology which include inefficient usage of shell side pressure drop, dead or low flow zones around the baffles where fouling and corrosion can occur, and flow induced tube vibration, which can ultimately result in equipment failure. This paper presents a recent innovation and development of a new technology, known as Twisted Tube technology, which has been able to overcome the limitations of the conventional technology, and in addition, provide superior overall heat transfer coefficients through tube side enhancement. |
| 8 | 2016 | Review on CFD investigation of comparison of three different tube bundles of HX | In present work, comparison of three different tube bundles for particular heat exchanger is proposed. Three types are smooth, micro finned and corrugated tubes. Heat exchanger will be designed with smooth tube bundle and simulated. Micro fin and corrugation over tube is applied separately for same heat exchanger in feasible size and simulated for performance. Besides, comparison is done with heat transfer rate and pressure drop. Keywords: HX, tube, CFD, fin, corrugation |

9	2014	Numerical analysis of shell and tube heat exchanger with simple baffle by CFD	In this research, a shell and tube heat exchanger with simple baffle has been investigated by computational fluid dynamics software. Fields of flow and temperature were analyzed inside the shell and the tubes using software. By investigations done on turbulence models, the k-ω SST model was used that provides better results. Three meshes, coarse, medium and fine were investigated and it was shown that aspect ratio has no significant effect. Thereby, finally a mesh including 4.2 million elements was used. Profiles of temperature and velocity due to results of the model were compared with experimental data and it had an acceptable adaptation. It is seen that flow due to the existence of baffle does not remain in parallel with tube. As a result, the heat transfer level improves and thus the heat transfer increases.
10	2014	Heat Transfer Enhancement of Shell and Tube Heat Exchange	The analysis of orifice baffle and convergent divergent tube in a shell and tube heat exchanger are experimentally carried out. The newly designed heat exchanger obtained a maximum heat transfer coefficient and a lower pressure drop. From the numerical experimentation, the result shows that the performance of heat exchanger increases in modified baffle and tube than the segmental baffle and tube arrangement

11	2014	Parameter optimization of shell and tube type heat exchanger for improve its efficiency	In order to tackle such an optimization problem in present work the Taguchi method is applied to perform screening of experiments and to identify the important significant parameters which are affecting the efficiency of STHX.
12	2012	Comparative Analysis of Finned Tube and Bared Tube Type Shell and Tube Heat Exchanger	The aim of this paper is to identify the advantages of low-finned tube Heat Exchangers over Plain tube (Bare Tube) units. To use finned tubes to advantage in this application, several technical issues were to be addressed. (1) Shell side and tube side Pressure, (2) Cost, (3) Weight and (4) Size of Heat Exchanger, Enhanced tubular heat exchangers results in a much more compact design than conventional plain tube units

13	1998	Shell & Tube Type Heat Exchangers	This paper provides some methods for increasing STHX performance. The methods consider whether the exchanger is performing correctly to begin with, excess pressure drop capacity in existing exchangers, the re-evaluation of fouling factors and their effect on exchanger calculations, and the use of augmented surfaces and enhanced heat transfer. Three examples are provided to show how commercial process simulation programs and shell-and-tube exchanger rating programs may be used to evaluate these exchanger performance issues.
14	2014	Vibrational Analysis of a Shell and Tube Type of Heat Exchanger In Accordance With Tubular Exchanger Manufacturer's Association (Tema) Norms	A very serious problem in the mechanical design of heat exchangers is flow induced vibration of the tubes. There are several possible consequences of tube vibration, all of them bad. The tubes may vibrate against the baffles, which can eventually cut holes in the tubes. In extreme cases, the tubes can strike adjacent tubes, literally knocking holes in each other. The repeated stressing of the tube near a rigid support such as a tube sheet can result in fatigue cracking of a tube, loosening of the tube joint, and accelerated corrosion. The flow induced vibrational analysis is considered as integral part of mechanical and thermal design of shell and tube heat exchangers.
15	2014	Shell and Tube Heat Exchanger Performance Analysis	The design of a shell-and-tube heat exchanger usually involves a trial and error procedure where for a certain combination of the design variables the heat transfer area is calculated and then another combination is tried to check if there is any possibility of increasing the heat transfer coefficient. Since several discrete combinations of the design configurations are possible, the designer needs an efficient strategy to quickly locate the design configuration having the minimum heat exchanger cost. In this particular problem the tube metallurgy and baffle spacing are being changed the results are obtained. In current paper the baffle spacing and tube metallurgy are the parameters considering change and effect of the same of heat transfer coefficient have been considered.

2.3 Declaração do problema

Nos dias de hoje, o permutador de calor de casco e tubo é amplamente utilizado nas indústrias como uma fábrica de refrigeradores para transferir o calor residual da máquina de moldagem por injeção para a água de arrefecimento para melhorar a eficiência da máquina de moldagem por injeção. As transformações do calor residual da máquina de moldagem por injeção para a água de arrefecimento dependem da capacidade de troca de calor dos permutadores de calor. Por isso, hoje em dia, as indústrias enfrentam o problema de melhorar a capacidade de troca de calor do permutador de calor, melhorando a eficiência do permutador de calor para aumentar a capacidade de produção e a eficiência da máquina de moldagem por injeção.

2.4 Objectivos

A partir do enunciado do problema, torna-se claro que o objetivo do trabalho é aumentar a eficiência do permutador de calor de casco e tubo. A eficiência do permutador de calor depende basicamente dos parâmetros geométricos (diâmetro do tubo, comprimento do passo, tipos de deflectores, ângulo dos deflectores, etc.), bem como dos parâmetros de funcionamento (caudal mássico, temperatura de entrada e de saída da água de arrefecimento, etc.) dos permutadores de calor.

Assim, o objetivo é otimizar alguns dos parâmetros para melhorar a eficiência do permutador de calor. Esses parâmetros são os seguintes

> Diâmetro do tubo

> Comprimento do passo

> Caudal de massa

As etapas necessárias para realizar a otimização dos parâmetros:

> Modelação de um permutador de calor de casco e tubo.
> Análise CFD de um permutador de calor de casco e tubo em ANSYS.
> Leitura experimental para validação do resultado ANSYS.
> Otimização dos parâmetros através do método Taguchi.

CAPÍTULO 3

MODELAÇÃO DE UM PERMUTADOR DE CALOR DO TIPO CASCO E TUBO

3.1 Modelação do permutador de calor do tipo casco e tubo

3.1.1 Modelação

Após a realização de cálculos simples, a modelação foi efectuada na versão NX 10.00 e depois o trabalho de análise foi realizado na versão ANSYS 14.5.

3.1.2 Sobre o Nx 10.00

O NX é um sistema de computação gráfica para modelação de vários desenhos mecânicos para a realização de operações de desenho e fabrico relacionadas. O sistema utiliza um sistema de modelação de sólidos 3D como núcleo e aplica o método de modelação paramétrica baseado em características. Em suma, é um sistema de modelação de sólidos paramétricos baseado em características com muitas aplicações alargadas de conceção e fabrico.

3.1.3 Diferença entre o NX e outros sistemas CAD

O NX 10.00 é o primeiro sistema CAD comercial inteiramente baseado na filosofia de conceção baseada em características e de modelação paramétrica. Atualmente, muitos produtores de software reconheceram a vantagem desta abordagem e começaram a transferir os seus produtos para esta plataforma. No entanto, as diferenças entre uma modelação de sólidos paramétrica e baseada em características.

Nx 10.00	Sistemas CAD convencionais
Modelo sólido	Estrutura de arame e modelo sólido
Modelo paramétrico	Modelo de dimensão fixa
Modelação baseada em características	Modelação baseada em primitivas
Sistemas de submodelação orientados para o sujeito	Um sistema baseado numa única geometria

3.1.4 Funcionalidade do NX 10.00

> **Facilidade de utilização**

O NX 10.00 foi concebido para começar onde os engenheiros de projeto começam, com características e critérios de projeto. Os menus do NX 10.00 fluem de forma a serem facilmente compreendidos. Isto torna-o simples de aprender e utilizar, mesmo para o utilizador mais casual. Uma vez que o NX 10.00 oferece a capacidade de esboçar diretamente no modelo sólido, a colocação de características é simples e precisa.

> **Associativamente completo**

O NX 10.00 baseia-se numa estrutura de dados única com a capacidade de efetuar alterações incorporadas no sistema. Por conseguinte, quando uma alteração é efectuada em qualquer ponto do processo de desenvolvimento, é propagada ao longo de todo o processo de conceção até ao fabrico, garantindo a consistência de todos os resultados de engenharia.

> **Modelação paramétrica e baseada em características**

As funcionalidades do NX 10.00 são planos de processo com inteligência incorporada e são fáceis de utilizar e, ao mesmo tempo, suficientemente potentes para a maioria das geometrias complexas.

> **Poderosas capacidades de montagem**

A montagem de componentes é fácil com o NX 10.00 - basta dizer ao sistema para "acoplar", "inserir" ou "alinhar" os componentes e estes são montados, mantendo sempre a intenção do projeto. Além disso, os componentes "sabem" como estão relacionados, pelo que se um deles mudar, quer em termos de posição quer em termos geométricos, o outro mudará em conformidade. As peças podem ser concebidas diretamente na montagem e definidas por outros componentes, pelo que, se estes se deslocarem ou mudarem de tamanho, a peça será automaticamente actualizada para refletir a alteração.

> **Robustez**

Isto proporciona ao engenheiro a representação mais exacta possível da geometria, das propriedades de massa e da verificação de interferências.

> **Gestão da mudança**

As poderosas capacidades de alteração são inerentes ao NX 10.00 full associatively, permitindo que as disciplinas de conceção e fabrico executem as suas funções em paralelo.

> **Independência do hardware**

O NX 10.00 é executado em todas as principais plataformas UNIX e Windows NT, mantendo a mesma aparência em todos os sistemas. Os utilizadores podem selecionar a configuração de hardware mais económica para as suas necessidades e misturar e combinar qualquer combinação de plataformas.

Funções das obras sólidas

> **Conceção da peça**

> Criar um esboço das peças.

> Esboçar características cosméticas,

> Criar tolerâncias geométricas e acabamentos de superfície em modelos.

> Atribuir as propriedades como a densidade, a massa, as unidades, os materiais, etc.

- **Conceção da montagem:**

- Criar a montagem completa do produto.

- Desmontar os componentes do conjunto.

- Modificar as dimensões da peça.

- Também está disponível uma funcionalidade adicional,

- **Documentação do projeto (desenhos):**

- Criar vistas de desenho prospectivas detalhadas, explodidas, auxiliares e transversais,
- Efetuar modificações extensivas da vista.
- Modificar os valores das dimensões e o número de dígitos.
- Incluir as tolerâncias geométricas existentes.
- **Funcionalidade geral**

- Comandos de gestão de bases de dados.
- Maior controlo da colocação dos artigos.

- Comandos de medição.

- Capacidades de visualização.

3.2 ESPECIFICAÇÕES

1. Diâmetro interno do casco = 300 mm
2. Diâmetro exterior do casco = 304 mm
3. Comprimento = 1500 mm
4. Diâmetro interno do tubo = 24 mm
5. Diâmetro exterior do tubo = 26 mm
6. Comprimento do tubo = 1502 mm
7. Material do tubo = cobre
8. Material do invólucro = cobre
9. Tipo de tubo = passo triangular
10. Comprimento do passo = 34 mm
11. Número total de tubos =32
12. Entrada do lado do casco = água, caudal mássico = 0,062 kg/seg, temperatura: 299 K
13. Entrada do lado do tubo = água, caudal mássico = 0,318 kg/seg,
14. Temperatura de entrada = 315 K, temperatura de saída = 303 K
15. Pressão de projeto: 18 kg/cm^2
16. Pressão de funcionamento = 14,5 kg/cm^2

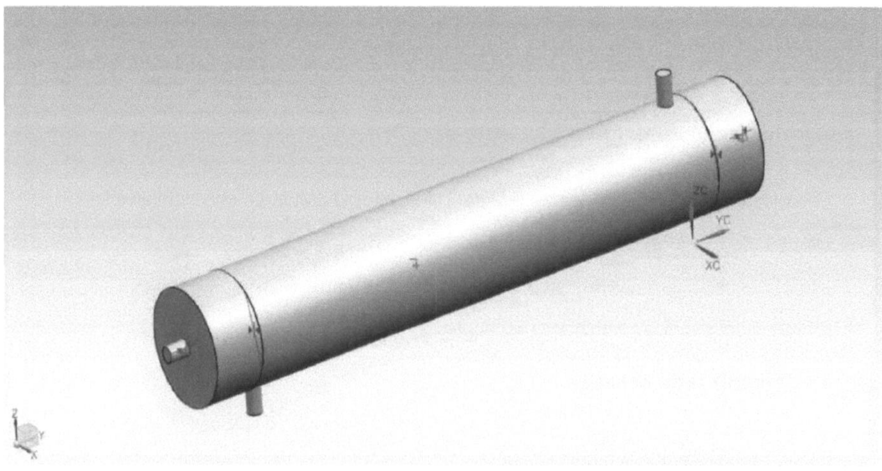

figura 3.1 permutador de calor de casco e tubos (vista isométrica)

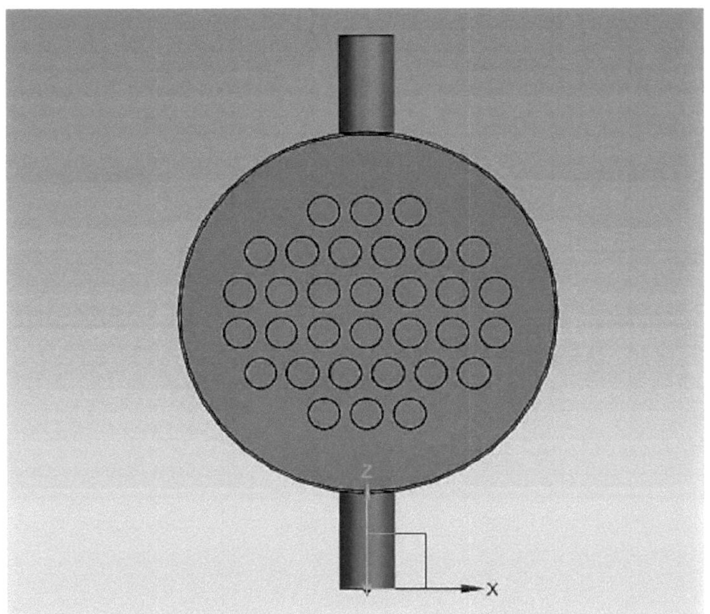

figura 3.2 vista em corte transversal do permutador de calor

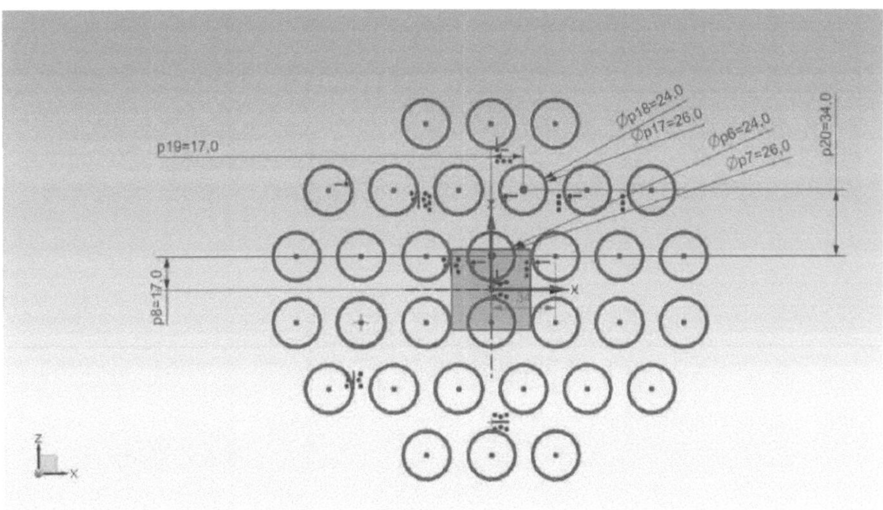

figura 3.3 o modelo de cavidade do permutador de calor de casco e tubo

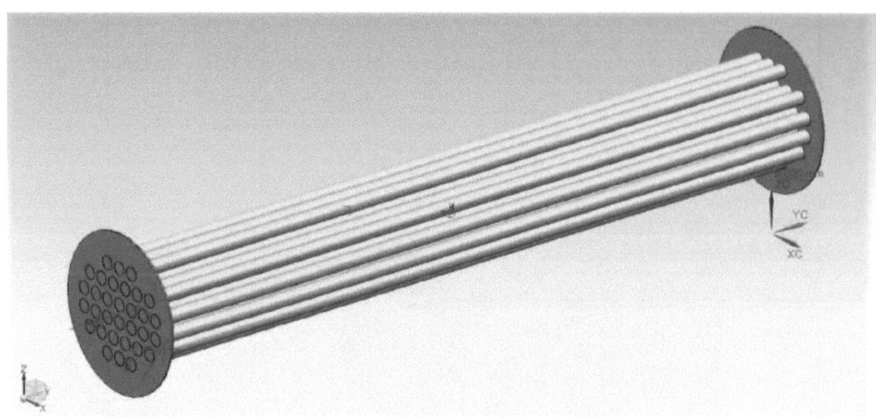

figura 3.4 vista transparente do permutador de calor

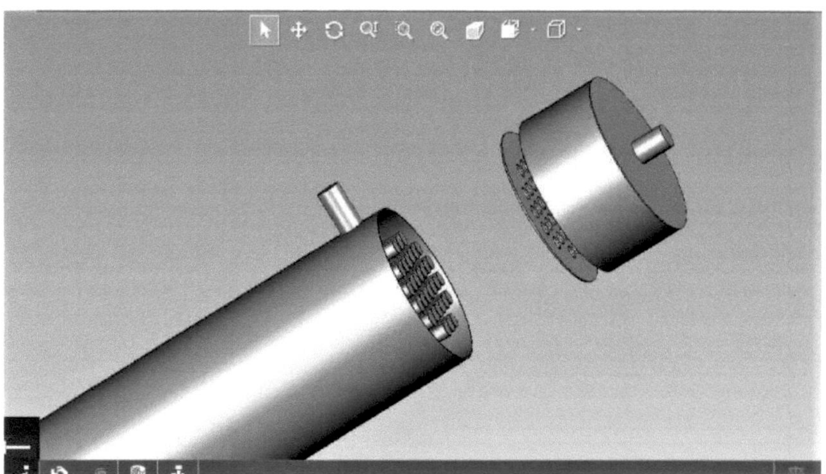

figura 3.5 modelo de montagem do permutador de calor

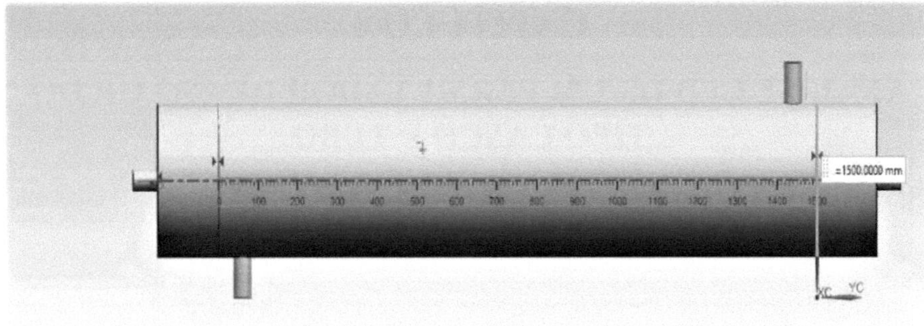

figura 3.6 O modelo do indicador do comprimento da casca

CAPÍTULO 4

ANÁLISE CFD DE UM PERMUTADOR DE CALOR DO TIPO CASCO E TUBO

4.1 Análise Cfd do permutador de calor do tipo casco e tubo

4.1.1 Introdução

As equações da mecânica dos fluidos, conhecidas há mais de um século, só podem ser resolvidas para um número limitado de escoamentos. As soluções conhecidas são extremamente úteis para compreender o escoamento de fluidos, mas raramente são utilizadas diretamente na análise ou no projeto de engenharia. Análise ou projeto. A CFD permite avaliar a velocidade, a pressão, a temperatura e a concentração de espécies do escoamento de fluidos ao longo de um domínio de solução, permitindo que o projeto seja optimizado antes da fase de protótipo.

A disponibilidade de computadores rápidos e digitais torna as técnicas populares entre a comunidade de engenheiros. A resolução das equações da mecânica dos fluidos em computador tornou-se tão importante que ocupa atualmente a atenção de talvez um terço de todos os investigadores em mecânica dos fluidos e a proporção continua a aumentar. Este domínio é conhecido como dinâmica dos fluidos computacional. No centro da modelação CFD está um solucionador de escoamento tridimensional que é poderoso, eficiente e facilmente alargado a aplicações de engenharia personalizadas. Ao conceber um novo dispositivo de mistura, uma grelha de injeção ou apenas um simples desviador de gás ou um dispositivo de distribuição, os engenheiros de projeto têm de garantir que a geometria, a perda de pressão e o tempo de residência adequados estão disponíveis. Mais importante ainda, para que a instalação funcione de forma eficiente e económica, os operadores e engenheiros da instalação têm de conhecer e ser capazes de definir os parâmetros ideais.

4.1.2 Técnicas de Discretização Numérica

Para resolver as equações que governam o movimento do fluido, primeiro é necessário gerar o seu análogo numérico. Isto é feito através de um processo designado por discretização. No processo de discretização, cada termo da equação diferencial parcial que descreve o escoamento é escrito de forma a que o computador possa ser programado para o calcular. Existem várias técnicas de discretização numérica. Apresentaremos aqui três das técnicas mais utilizadas, nomeadamente:

(1) Método das diferenças finitas

(2) Método dos elementos finitos

(3) Método dos volumes finitos

4.1.3 Metodologia CFD

A CFD pode ser utilizada para determinar o desempenho de um componente na fase de projeto, ou pode ser utilizada para analisar as dificuldades de um componente existente e conduzir a um projeto melhorado. Por exemplo, a queda de pressão através de um componente pode ser considerada excessiva: O primeiro passo é identificar a região de interesse: A geometria da região de interesse é então definida. Se a geometria já existir no CAD, pode ser importada diretamente. A malha é então criada. Após a importação da malha para o pré-processador, são definidos outros elementos da simulação, incluindo as condições de fronteira (entradas, saídas, etc.) e as propriedades do fluido. O solucionador de escoamento é executado para produzir um ficheiro de resultados que contém a variação da velocidade, pressão e quaisquer outras variáveis ao longo da região de interesse. Os resultados podem ser visualizados e podem fornecer ao engenheiro uma compreensão do comportamento do fluido em toda a região de interesse. Isto pode levar a modificações no projeto que podem ser testadas alterando a geometria do modelo CFD e observando o efeito.

O processo de realização de uma única simulação CFD divide-se em quatro componentes:

1. Geometria/Malha
2. Definição de Física
3. Solucionador
4. Pós-processador

5. 1.4 Geometria

A primeira tarefa a realizar numa simulação numérica de escoamento é a definição da geometria, seguida da geração da grelha. Este passo é o mais importante para o estudo do impulsor isolado, assumindo que um escoamento simétrico ao eixo simplifica o domínio para uma passagem de uma única pá.

A geometria do desenho tem de ser criada a partir do desenho inicial. Qualquer software de modelação pode ser utilizado para modelação e transferido para outro software de simulação para efeitos de análise.

6. 1.5 Malha

A geração de malhas (gridding) é o processo de subdividir uma região a ser modelada num conjunto de pequenos volumes de controlo. Associado a cada volume de controlo haverá um ou mais valores da variável de fluxo dependente (por exemplo, velocidade, pressão, temperatura, etc.). Normalmente, estes representam algum tipo de valores médios locais. Os algoritmos numéricos que representam a aproximação à lei da conservação da massa, do momento e da energia são então utilizados para calcular estas variáveis em cada volume de controlo.

A malha é o método para definir e dividir o modelo em pequenos elementos. Em geral, um modelo de elementos finitos é definido por uma rede de malha, que é constituída pela disposição geométrica dos elementos e dos nós. Os nós representam pontos nos quais são calculadas características como os deslocamentos. Os elementos são delimitados por um conjunto de nós e definem as propriedades de massa e rigidez localizadas do modelo. Os elementos são também definidos pelo número de malhas, o que permite fazer referência a deformações, tensões, pressões e temperaturas correspondentes numa localização específica do modelo. O método tradicional de geração de malhas é a geração de malhas com estrutura de blocos (multi-blocos). A abordagem da estrutura de blocos é uma técnica simples e eficiente de geração de malhas.

7. 1.6 Tipos de grelhas

A geração de grelhas é frequentemente considerada como a parte mais importante e mais demorada da simulação CFD. A qualidade da malha desempenha um papel direto na qualidade da análise, independentemente do solucionador de escoamento utilizado. Além disso, o solucionador será mais robusto e eficiente se utilizar uma malha bem construída. É importante que o analista de CFD conheça e compreenda todos os vários métodos de geração de malha.

Esta fase de pré-processamento é agora altamente automatizada. A geometria da bancada de trabalho pode ser importada da maioria dos principais pacotes pro-e ou solid work a utilizando o formato nativo, e a malha dos volumes de controlo é gerada automaticamente.

1. Grelha estruturada
2. Grelha não estruturada

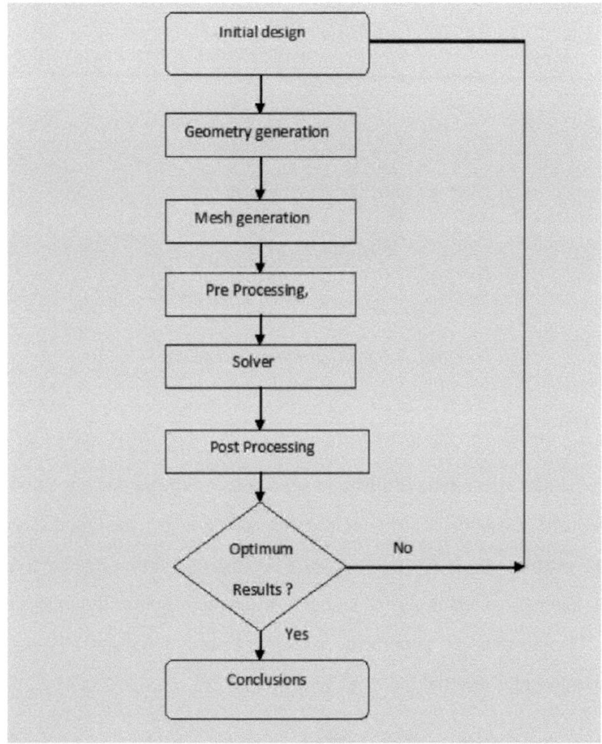

fig. 4.1.6 Fluxograma da metodologia CFD

Grelha estruturada

Os métodos de grelha estruturada devem o seu nome ao facto de a grelha estar disposta num padrão de repetição regular denominado bloco. Estes tipos de grelhas utilizam elementos quadrilaterais em 2D e elementos hexaédricos em 3D numa matriz computacionalmente retangular. Embora a topologia do elemento seja fixa, a grelha pode ser moldada para se adaptar ao corpo através do alongamento e da torção do bloco. Os geradores de grelhas estruturadas realmente bons utilizam equações elípticas sofisticadas para otimizar automaticamente a forma da malha em termos de ortogonalidade e uniformidade.

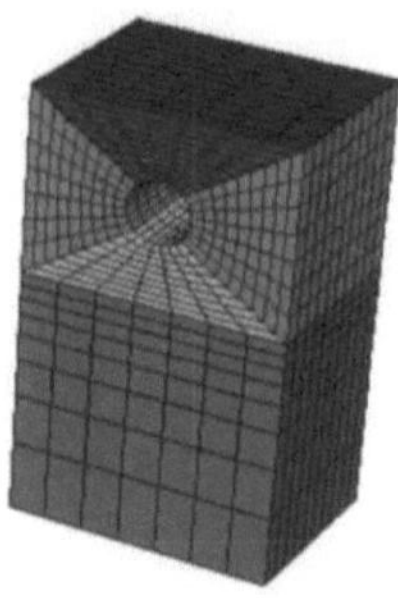

fig. 4.1.6 (a) grelha estruturada

Grelha não estruturada

Os métodos de grelha não estruturada utilizam uma coleção arbitrária de elementos para preencher o domínio. Uma vez que a disposição dos elementos não tem um padrão discernível, a malha é designada por não estruturada. Estes tipos de grelhas utilizam normalmente triângulos em 2D e tetraedros em 3D. Embora existam alguns códigos que podem gerar elementos quadrilaterais não estruturados em 2D, não existem atualmente códigos de produção que possam gerar elementos hexaédricos não estruturados em 3D.

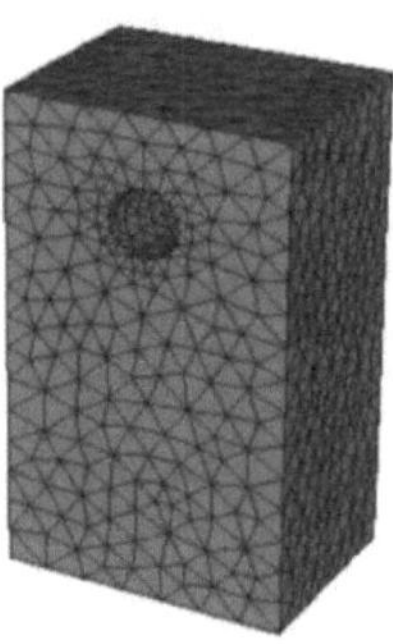

fig. 4.1.6 b) grelhas não estruturadas

A vantagem dos métodos de grelha não estruturada é que são muito automatizados e, por isso, requerem pouco tempo ou esforço do utilizador. O utilizador não precisa de se preocupar com a estruturação dos blocos ou com as ligações. Além disso, os métodos de grelha não estruturada são adequados para utilizadores inexperientes, uma vez que requerem pouca intervenção do utilizador e geram uma malha válida na maioria das circunstâncias. Os métodos não estruturados também permitem a solução de problemas muito grandes e detalhados num período de tempo relativamente curto. Os tempos de geração de grelhas são normalmente medidos em minutos ou horas. A principal desvantagem das grelhas não estruturadas é a falta de controlo do utilizador na disposição da malha. Normalmente, qualquer envolvimento do utilizador limita-se aos limites da malha, com o mesher a preencher automaticamente o interior. Os elementos triangulares e tetraédricos têm o problema de não se esticarem ou torcerem bem, pelo que a grelha se limita a ser largamente isotrópica, ou seja, todos os elementos têm aproximadamente o mesmo tamanho e forma. Este é um grande problema quando se tenta refinar a grelha numa área local, muitas vezes toda a grelha tem de ser tornada muito mais fina para obter as densidades de pontos necessárias localmente.

4.2 Pré-processamento

4.2.1 Condição de fronteira

O primeiro passo no pré-processamento é a definição das condições de fronteira. As condições de fronteira serão diferentes para cada tipo de problema. Em coordenadas cartesianas e cilíndricas polares, a localização das características de fronteira (entradas, saídas, bloqueios, etc.) pode ser associada a "objectos" nomeados, definidos durante o procedimento de geração da grelha. Isto evita a necessidade de introduzir as coordenadas duas vezes: uma vez ao definir a grelha e outra vez ao especificar as condições de fronteira.

Se um objeto for posteriormente reposicionado ou redimensionado, a condição de limite também é alterada automaticamente. Se um objeto for eliminado, qualquer condição de fronteira associada também será eliminada sem mais instruções do utilizador. Se for criado um novo "objeto" através da cópia de um já existente, as condições de limite não são automaticamente copiadas, mas pode ser associada uma nova condição de limite ao novo objeto.

Em escoamentos incompressíveis e de baixa velocidade, as perturbações introduzidas numa fronteira de escoamento podem ter um efeito em toda a região computacional. Como regra geral, as condições de fronteira fisicamente significativas, tais como uma condição de pressão especificada, devem ser utilizadas nas fronteiras de escoamento sempre que possível. Geralmente, uma condição de pressão não pode ser usada numa fronteira onde as velocidades também são especificadas, porque as velocidades são influenciadas por gradientes de pressão. A única exceção é quando as pressões são necessárias para especificar as propriedades do fluido, por exemplo, a densidade que atravessa uma fronteira através de uma equação de estado.

A condição de entrada para a velocidade e a temperatura pode ser especificada utilizando o perfil da grelha. A energia cinética turbulenta (k) e a sua taxa de dissipação podem ser calculadas a partir do valor da intensidade da turbulência especificado na entrada.

4.3 Solucionador

Existem vários métodos de discretização de uma dada equação diferencial, mas o volume finito é utilizado no ANSYS-CFX. O método dos volumes finitos é um método numérico para resolver equações diferenciais parciais que calcula o valor das variáveis conservadas em média ao longo do volume. Uma vantagem do método dos volumes finitos em relação ao método das diferenças finitas é que não requer uma malha estruturada (embora uma malha estruturada também possa ser usada). Além disso, o método dos volumes finitos é preferível a outros métodos devido ao facto de as condições de fronteira poderem ser aplicadas de forma não invasiva. Isto é verdade porque os valores das variáveis conservadas estão localizados dentro do elemento de volume e não em nós ou superfícies. Os métodos de volumes finitos são especialmente poderosos em grelhas grosseiras não uniformes e em cálculos em que a malha se desloca para seguir a interface ou o choque.

4.4 Pós-processamento

No pós-processamento, depois de completar a simulação no solver, é gerado um gráfico dos critérios de convergência após a validação dos critérios de convergência. É gerado um ficheiro RES que pode ser carregado no CFX-post e, depois de carregar este ficheiro, são gerados diferentes diagramas de contador, por exemplo, temperatura, velocidade e pressão, no pós-processamento.

4.5 Modelos de turbulência

A turbulência consiste na flutuação do campo de escoamento no tempo e no espaço. É um processo complexo, principalmente porque é tridimensional, instável e consiste em muitas escalas. Pode ter um efeito significativo nas características do escoamento. A turbulência ocorre quando a força de inércia no escoamento se torna significativa em comparação com as forças viscosas, e é caracterizada por um número de Reynolds elevado. Em geral, as equações de Navier-Stokes descrevem os escoamentos laminares e turbulentos sem a necessidade de informações adicionais. No entanto, os escoamentos turbulentos com números de Reynolds realistas abrangem uma vasta gama de escalas de tempo e comprimento turbulentas, e devem geralmente envolver escalas de comprimento muito mais pequenas do que a mais pequena malha de volumes finitos, que pode ser utilizada na prática numa análise numérica. A Simulação Numérica Direta (DNS) destes escoamentos exige uma capacidade de computação muitas ordens de grandeza superior à disponível num futuro previsível.

Os modelos de turbulência são utilizados para prever os efeitos da turbulência no escoamento de fluidos sem resolver todas as escalas das flutuações turbulentas mais pequenas. Foram desenvolvidos vários modelos que podem ser utilizados para aproximar a turbulência com base na equação de Reynolds Averaged Navier-Stokes (RANS). Alguns têm aplicações muito específicas, enquanto outros podem ser aplicados a uma classe mais vasta de escoamentos com um grau de confiança razoável. Um dos principais problemas na modelação turbulenta é a previsão exacta da separação de escoamentos em condições adversas de gradiente de pressão. Trata-se de um fenómeno importante em muitas aplicações técnicas, nomeadamente na aerodinâmica dos aviões, uma vez que as características de um avião são controladas pela separação do escoamento em relação à asa.

Em geral, os modelos de turbulência baseados na equação prevêem o início da separação demasiado tarde e não prevêem a quantidade de separação mais tarde. Isto é problemático, uma vez que este comportamento dá uma caraterística de desempenho demasiado otimista para um aerofólio. A previsão não é, portanto, conservadora do ponto de vista da engenharia. Os modelos desenvolvidos para resolver este problema mostraram uma previsão significativamente mais exacta da separação numa série de casos de teste e em aplicações industriais. A previsão da separação é importante em muitas aplicações técnicas, tanto para escoamentos internos como externos.

Modelo de turbulência K-ε

Um dos modelos de turbulência mais proeminentes, o modelo k-ε (k-epsilon), foi implementado na maioria dos códigos CFD de uso geral e é considerado o modelo padrão da indústria. Provou ser estável e numericamente robusto e tem um regime bem estabelecido de capacidade de previsão. Para a simulação de uso geral, o modelo oferece um bom compromisso em termos de precisão e robustez.

No ANSYS-CFX, a turbulência k-ε utiliza a abordagem de função de parede escalável para melhorar a robustez e a precisão quando a malha próxima à parede é muito fina. As funções de parede escaláveis permitem a simulação em malhas arbitrariamente finas, o que representa uma melhoria significativa em relação às funções de parede padrão. Embora os modelos padrão de duas equações forneçam boas previsões para muitos escoamentos de interesse técnico, k é a energia cinética da turbulência e é definida como a variação das flutuações de velocidade. ε é a dissipação de turbulência (a taxa de dissipação das flutuações de velocidade) e tem dimensões de por unidade de tempo. O modelo k-ε introduz duas novas variáveis no sistema de equações.

modelo de turbulência k-ω

Uma das vantagens da formulação k-ω é o tratamento próximo da parede para cálculos de baixo número de Reynolds. O modelo não envolve as complexas funções de amortecimento não lineares necessárias para o modelo k-ω e é, portanto, mais preciso e mais robusto. Os modelos assumem que a viscosidade da turbulência está ligada à energia cinética da turbulência e à frequência turbulenta através da relação:

4.6 Procedimento de análise Cfd para permutador de calor do tipo casco e tubo

1) Criar um modelo 3D de um permutador de calor do tipo casco e tubo no NX 10.002012.

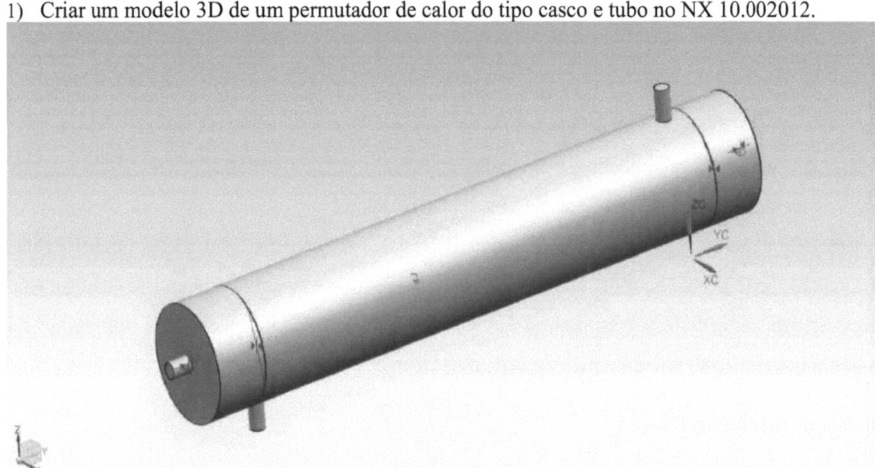

fig. 4.6 permutador de calor do tipo casco e tubo de percurso simples

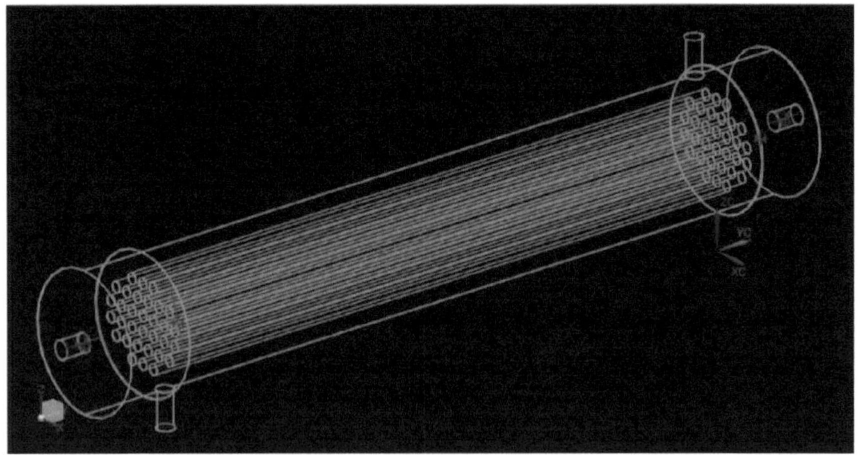

fig 4.6(a) domínio poroso

2) Criar o domínio da cavidade para análise CFD.

3) Guardar o modelo acima no formato *.IGES para importar para o módulo Mesh do ANSYS Workbench.

4)   Importar o ficheiro *.IGES guardado acima para o ANSYS Workbench.

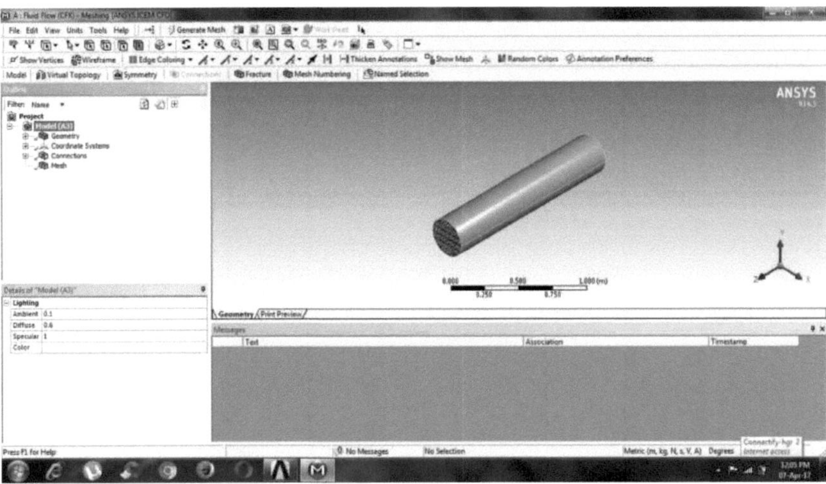

fig 4.6(b) importar o modal

5)   Criar malha.

Tipo de análise: - 3D
Tipo de elemento: - Tetraédrico (10 nós)

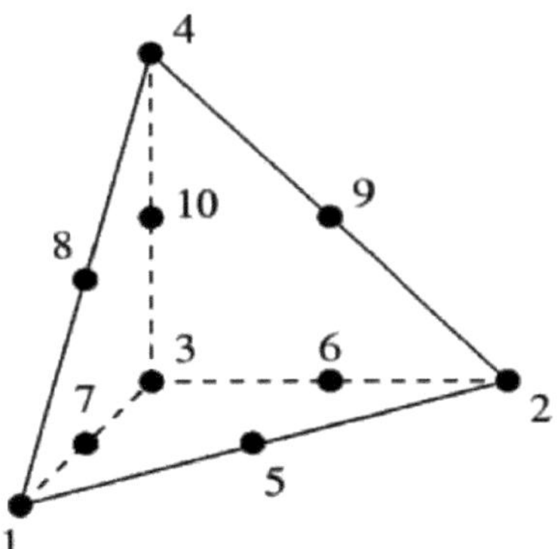

Fig 4.6 (C) Tetraédrico

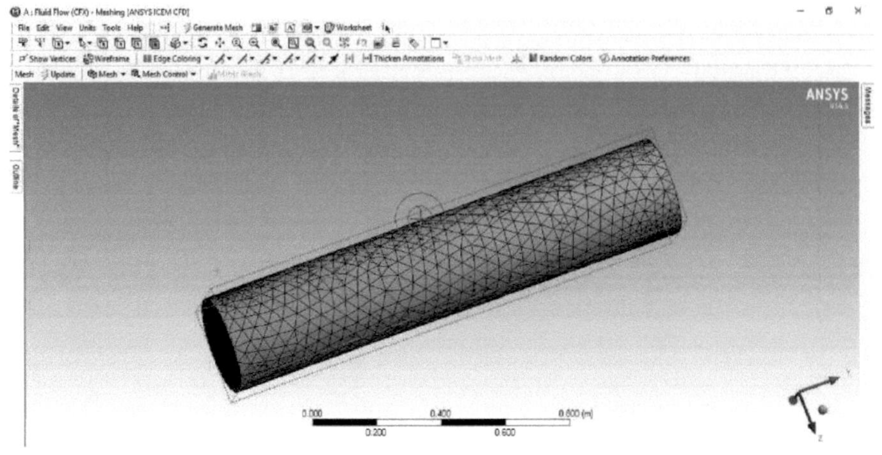

fig. 4.6(d) malha

Número de nós: - 553071

Número de elementos: - 340908

6) Guardar o modelo de malha acima no formato *.CMDB para importar para o ANSYS CFX.

7) Importar o ficheiro *.CMDB acima referido para o ANSYS CFX PRE.

8) Definir o tipo de análise.

Tipo de análise: - Estado estacionário

9) Definir o domínio do fluido do lado do tubo para a água.

Tipo de domínio: - Fluido

Material do domínio: - Água

Domínio Movimento: - Estacionário

10) Definir o modelo de transferência de calor e de turbulência para o domínio dos fluidos.

Modelo de transferência de calor: - Energia Térmica

Modelo de turbulência: - K-ε

Onde k é a energia cinética da turbulência e é definida como a variância das flutuações da velocidade. Tem dimensões de (L2 T-2); por exemplo, m2/s2.

ε é a dissipação de turbulência (a taxa de dissipação das flutuações de velocidade), bem como as dimensões de k por unidade de tempo (L2 T-3) (por exemplo, m2/s3).

11) Da mesma forma, defina o domínio para a água do lado da concha.

12) Defina a entrada para o lado do casco.

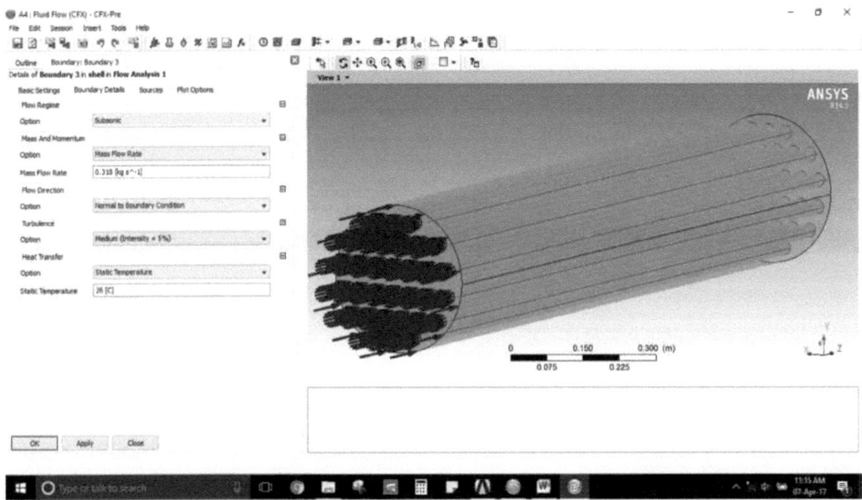

fig. 4.6(e) definir a entrada para o lado do casco

Caudal de massa: - 0,318 kg/s

Temperatura: - 26 C

13) Defina a saída para o lado do casco.

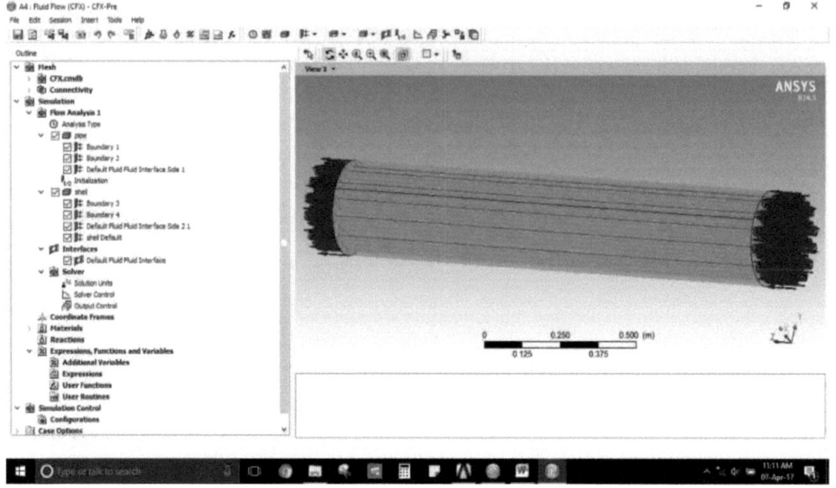

Fig 4.6(F) Definir saída para o lado do casco

14) Definir a entrada de água do lado do tubo.

Caudal mássico:- 0,062 Kg/s

Temperatura de entrada:- 40 C

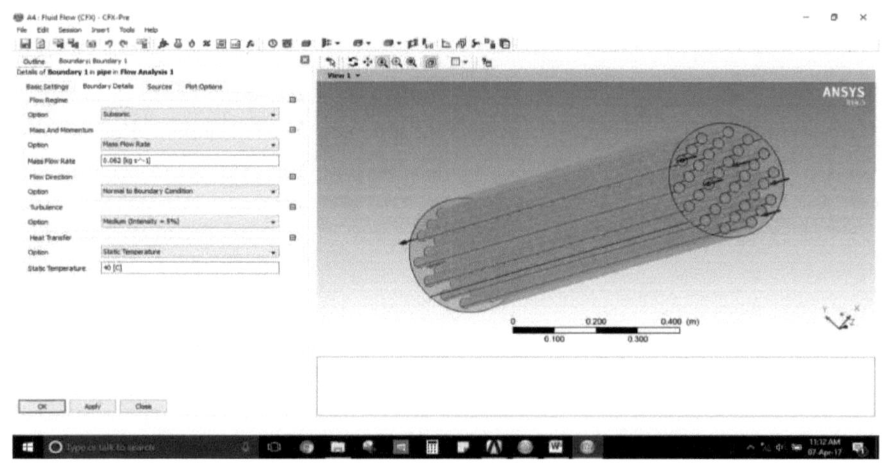

fig. 4.6(g) definir a entrada de água do lado da tubagem

15) Definir a saída de água do lado do tubo.

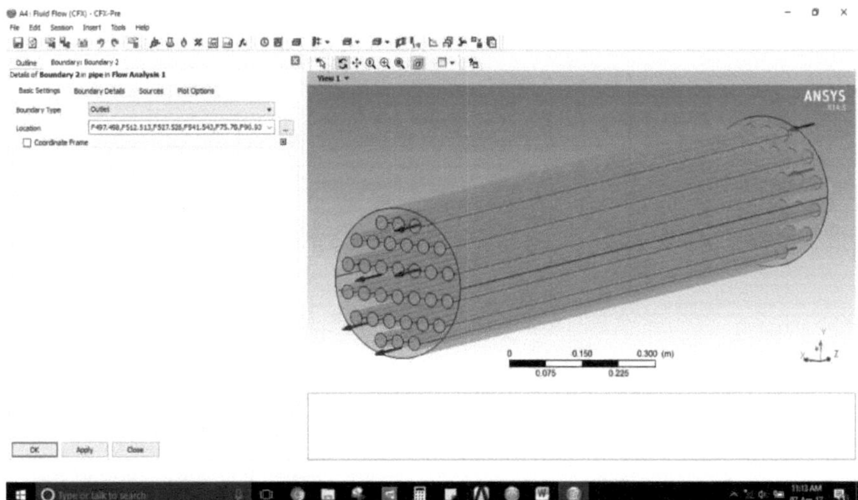

fig. 4.6 h) definir a saída de água do lado do tubo

16)   Definir os critérios de controlo do Solver.

Critérios de convergência

17)   Efetuar a análise

18)   Obter os resultados

4.7 Resultados da análise

4.7.1 Velocidade do fluido de saída para o lado do tubo

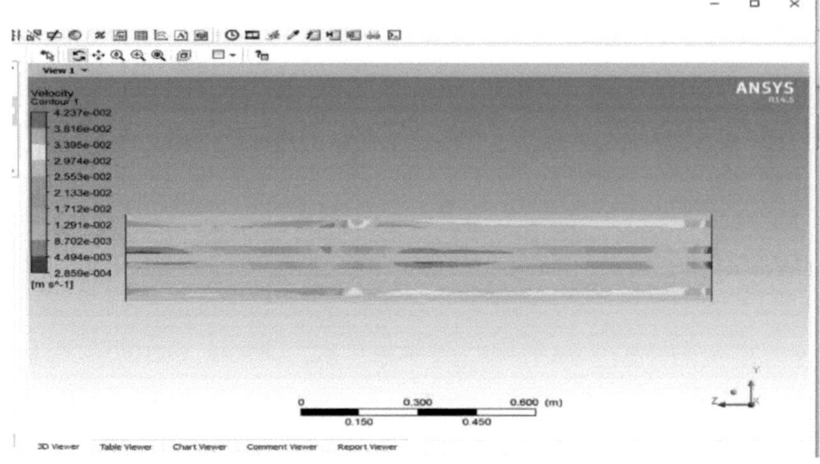

fig 4.7.1 velocidade do fluido à saída do lado do tubo

4.7.2 Velocidade de saída para o lado do casco

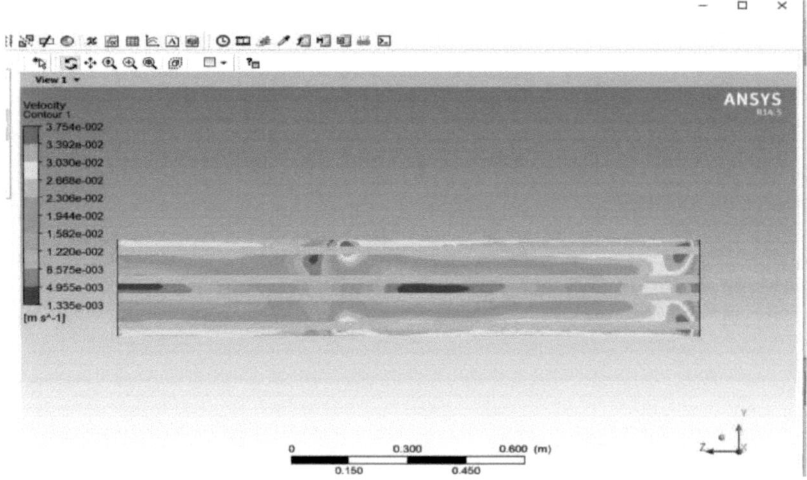

fig 4.7.2 velocidade de saída para o lado do casco

4.7.3 Contorno de pressão

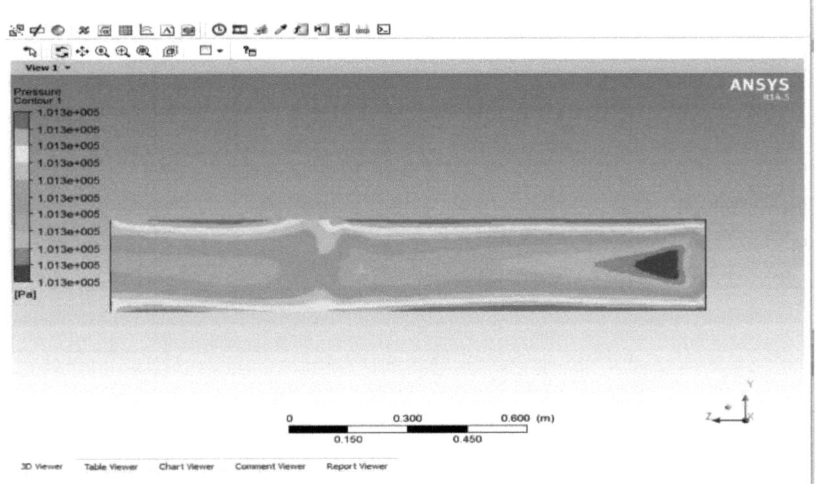

fig. 4.7.3 contorno de pressão

4.7.4 Temperatura de saída no lado do casco

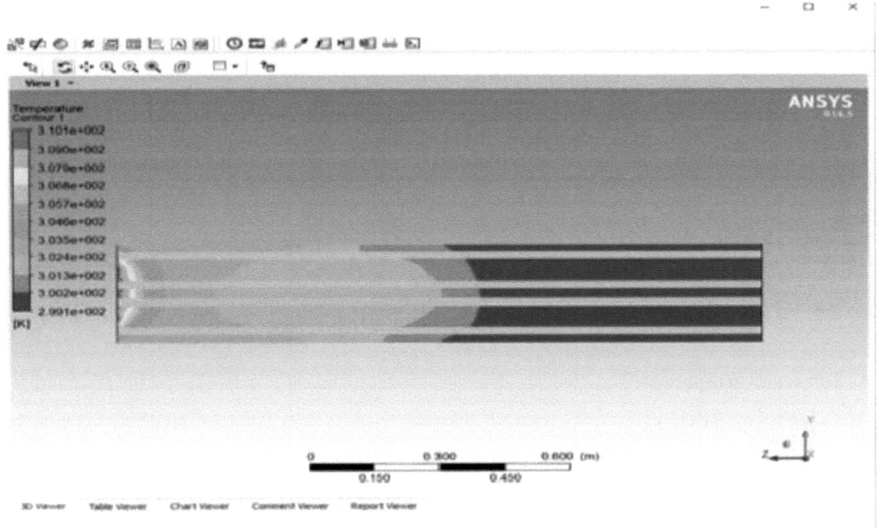

fig 4.7.4 temperatura de saída no lado do casco

4.7.5 Temperatura de saída no lado do tubo

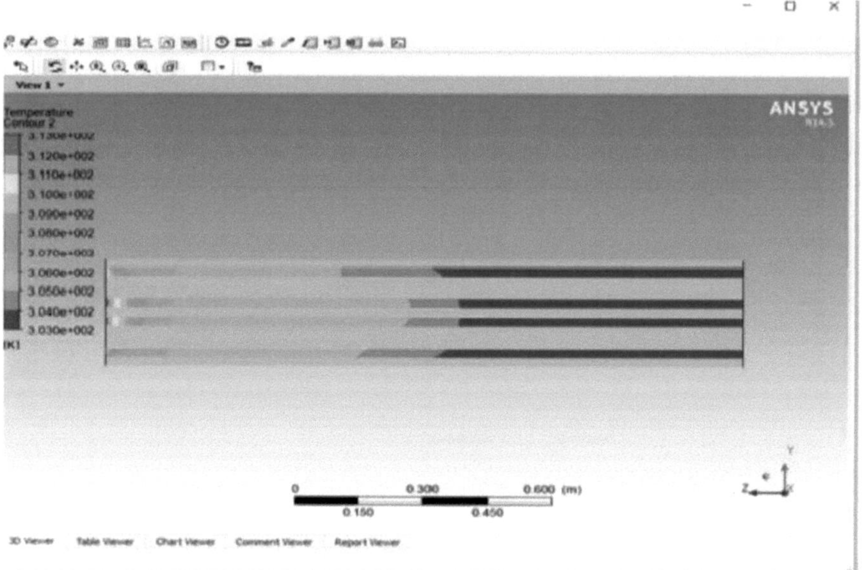

fig 4.7.5 temperatura de saída do lado do tubo

4.8 Comparação entre a leitura prática e a análise Cfd do Ansys

O valor prático da temperatura de entrada e de saída do permutador de calor de casco e tubo é apresentado a seguir.

	Inlet temperature	Outlet temperature
Hot water temperature (Practical Reading) (Tube side)	315 K	303 K
Hot water temperature (ANSYS result) (Tube side)	315 K	303.7 K

Tabela 4.8 Comparação da leitura prática com a leitura Ansys

CAPÍTULO 5
CONCEPÇÃO DA EXPERIÊNCIA

5.1 Introdução do DOE

A palavra experiência é utilizada num sentido bastante preciso para significar uma investigação em que o sistema em estudo está sob o controlo do investigador. Isto significa que a experiência é o processo em que são introduzidas alterações propositadas nas variáveis de entrada do processo ou do sistema, de modo a podermos observar e identificar as razões das alterações que podem ser observadas na resposta de saída. Para investigar ou descobrir algo sobre qualquer processo, é necessário um certo número de experiências para encontrar a resposta da produção desejada em condições de grande entrada. Por conseguinte, para reduzir o número de experiências e obter uma boa qualidade de investigação, o termo Design of experiments (DOE) é um método muito utilizado em todo o mundo.

A conceção de experiências (DOE) é uma das ferramentas estatísticas mais importantes da TQM para a conceção de experiências de elevada qualidade a custos reduzidos. Os métodos de conceção de experiências (DOE) proporcionam uma forma eficiente e sistemática de otimizar as concepções em termos de desempenho, qualidade e custo. Este método foi desenvolvido no início da década de 1920 por Sir Ronald Fisher na Estação de Investigação Agrícola de Rothamsted, em Londres, Inglaterra. Ele estava a implementar este método para determinar o efeito de vários fertilizantes em diferentes parcelas de terreno.

O objetivo da conceção da experiência é planear, conceber e analisar a experiência para que se possam tirar conclusões válidas e objectivas de forma eficaz e eficiente.

5.1.1 Directrizes para a conceção de experiências

1) Reconhecimento e definição do problema: É extremamente essencial desenvolver plenamente todas as ideias sobre o problema em questão e também sobre os objectivos específicos da experiência. Devem ser solicitados os contributos de todas as partes interessadas - engenharia, marketing, clientes, qualidade, gestão e operadores. Isto ajuda a compreender melhor o processo e, eventualmente, a resolver o problema.

2) Escolha dos factores e dos níveis: Devem ser escolhidos os factores a variar na experiência, as gamas em que os factores são variados e os níveis específicos a que as corridas são feitas. O conhecimento do processo é uma combinação de conhecimento prático e compreensão teórica e é necessário para uma escolha correcta. O número de níveis de factores deve ser reduzido para a seleção de factores.

Todos os factores que possam ser importantes devem ser examinados. Não se deve dar muita importância à experiência posterior.

3) **Seleção da variável de resposta:** Ao selecionar a variável de resposta, é necessário verificar se a variável fornece efetivamente informações úteis sobre o processo em estudo. Muitas vezes, a média ou o desvio-padrão, ou ambos, são escolhidos como variáveis de resposta.

4) **Escolha do projeto experimental:** A escolha do desenho requer a consideração da dimensão da amostra, a seleção de uma ordem de execução adequada para os ensaios experimentais e a existência ou não de bloqueios e outras restrições de aleatorização.

5) **Realização da experiência:** Durante a execução da experiência, é necessário monitorizar cuidadosamente o processo para garantir que tudo está a ser feito de acordo com o plano. Os erros no procedimento experimental nesta fase destroem geralmente a validade da experiência.

6) **Análise dos dados:** Devem ser utilizados métodos estatísticos para analisar os dados, de modo a que os resultados e as conclusões sejam objectivos e não sejam julgados. São utilizados métodos gráficos simples, bem como software.

7) **Conclusões e recomendações:** Uma vez analisados os dados, a experiência deve tirar conclusões práticas sobre os resultados e, consequentemente, recomendar uma linha de ação.

5.1.2 Área de aplicação do DOE

> Conceção   e melhoramento de produtos e processos
> Estudo do erro de medição.
> Estudo da capacidade do processo.
> Engenharia e fabrico
> Simulação informática
> Biologia
> Qualificações de instalação, funcionamento e desempenho (processo IQ, OQ, PQ da FDA)
> Construção
> Sector imobiliário comercial
> Banca

> Hospital (Urgências e laboratório)
> Estudos de medicamentos em animais
> Ensaios clínicos em humanos

> Análise da causa principal (troca de componentes)

No mundo da engenharia, o projeto experimental é uma ferramenta extremamente importante para melhorar o desempenho do processo. Tem também uma aplicação alargada no desenvolvimento de novos processos. A aplicação de técnicas de conceção experimental no início do desenvolvimento do processo pode resultar numa melhoria do rendimento do processo, na redução da variabilidade e na redução do custo global. Algumas aplicações das técnicas de conceção experimental são as seguintes

1) Escolha entre alternativas.
2) Seleção dos principais factores que afectam a resposta.
3) Maximizar/Minimizar uma resposta.
4) Reduzir a variação.
5) Tornar um processo robusto Otimização do processo.

5.1.3 Vantagens do DOE

O DOE elimina a "confusão de efeitos", em que os efeitos das variáveis de conceção são misturados. A confusão de efeitos significa que não podemos correlacionar as alterações do produto com as suas características.

> O DOE ajuda-nos a lidar com o erro experimental.
> O DOE ajuda-nos a determinar as variáveis importantes que devem ser controladas.
> O DOE ajuda-nos a encontrar as variáveis sem importância que podem não precisar de ser controladas.
> O DOE ajuda-nos a medir as interacções, o que é muito importante.

Os métodos de otimização disponíveis no Minitab 16 incluem os projetos Taguchi, os projetos fatoriais completos gerais (projetos com mais de dois níveis) e os projetos de superfície de resposta.

5.2 Metodologia de análise dos resultados experimentais

5.2.1 Método Taguchi para otimização de objetivo único

Os métodos de conceção experimental de Taguchi proporcionam uma abordagem simples, eficiente e sistemática para a otimização de concepções experimentais com vista à qualidade e ao custo do desempenho. O principal objetivo do método de Taguchi é reduzir a variação num processo através de uma conceção robusta das experiências. Foi desenvolvido pelo Dr. Genichi Taguchi do Japão. O Dr. Genichi Taguchi desenvolveu um método de conceção de experiências para investigar a forma como diferentes parâmetros afectam a média e a variância de uma caraterística de desempenho de um processo que define o seu bom funcionamento. O desenho experimental proposto por Taguchi envolve a utilização de matrizes ortogonais para organizar os parâmetros que afectam o processo e os níveis a que devem ser variados; permite a recolha dos dados necessários para determinar quais os factores que mais afectam a qualidade do produto com um mínimo de experimentação, poupando assim tempo e recursos. A análise de variância dos dados recolhidos a partir da conceção de experiências de Taguchi pode ser utilizada para selecionar novos valores de parâmetros para otimizar a caraterística de desempenho.

5.2.1.1   Etapas do processo do método Taguchi

1)   Definir o objetivo do processo

2)   Identificar as condições de ensaio

3)   Identificar os factores de controlo e os seus níveis alternativos

4)   Criar matrizes ortogonais para a conceção dos parâmetros

5) Realize as experiências indicadas na matriz preenchida para recolher dados sobre o efeito no desempenho.

6)   Completar a análise dos dados para determinar o efeito dos diferentes parâmetros sobre a medida de desempenho.

7)   Prever o desempenho a estes níveis

8)   Experiências de confirmação.

5.3 Vantagens do método Taguchi

A principal vantagem do método de Taguchi é o facto de privilegiar um valor médio da caraterística de desempenho próximo do valor-alvo em vez de um valor dentro de determinados limites de especificação, melhorando assim a qualidade do produto. O método de Taguchi para o projeto experimental é simples e fácil de aplicar a muitas situações de engenharia, o que faz dele uma ferramenta poderosa e simples. Pode ser utilizado para restringir rapidamente o âmbito de um projeto de investigação ou para identificar problemas num processo de fabrico a partir de dados já existentes. O método Taguchi permite a análise de muitos parâmetros diferentes sem uma quantidade proibitivamente elevada de experiências.

5.4 Desvantagens do método Taguchi

- No método de Taguchi, os resultados obtidos são apenas relativos e não indicam exatamente qual o parâmetro que tem o maior efeito no valor da caraterística de desempenho.

Uma vez que as matrizes ortogonais não testam todas as combinações de variáveis, este método não deve ser utilizado quando são necessárias todas as relações entre todas as variáveis. O método de Taguchi tem sido criticado na literatura pela dificuldade em ter em conta as interacções entre parâmetros.

Os métodos de Taguchi são offline e, por conseguinte, inadequados para um processo em mudança dinâmica, como é o caso de um estudo de simulação. Os métodos de Taguchi tratam da conceção da qualidade em vez de corrigirem a má qualidade, pelo que são aplicados mais eficazmente nas fases iniciais do desenvolvimento do processo. Após a especificação das variáveis de projeto, a utilização do projeto experimental pode ser menos rentável.

Orthogonal array	Number of rows	Maximum number of	Maximum number of columns at this			
			2	3	4	5
L_4	4	3	3	-	-	-
L_8	8	7	7	-	-	-
L_9	9	4	-	4	-	-
L_{12}	12	11	11	-	-	-
L_{16}	16	15	15	-	-	-
L_{16}	16	5	-	-	5	-
L_{18}	18	8	1	7	-	-
L_{25}	25	6	-	-	-	6
L_{27}	27	13	-	13	-	-
L_{32}	32	31	31	-	-	-
L_{32}	32	10	1	-	9	-
L_{36}	36	23	1	12	-	-
L_{36}	36	16	3	13	-	-
L_{50}	50	12	1	-	-	11
L_{54}	54	26	1	25	-	-
L_{64}	64	63	63	-	21	-
L_{64}	64	21	-	-	-	-
L_{81}	81	40	-	40		-

TABELA 5.4.1 SELECÇÕES DE MATRIZES ORTOGONAIS

Experiment	P1	P2	P3
1	1	1	1
2	1	2	2
3	1	3	3
4	2	1	2
5	2	2	3
6	2	3	1
7	3	1	3
8	3	2	1
9	3	3	2

Quadro 5.4.2 L-9 TABELA DE ARRAY

Sr. No	Tube Outer Dia.(mm)	Pitch of tube(mm)	Mass Flow Rate(kg/s)
1	27	34	0.28
2	27	36	0.31
3	27	38	0.34
4	28	34	0.31
5	28	36	0.34
6	28	38	0.28
7	29	34	0.34
8	29	36	0.31
9	29	38	0.28

TABELA 5.4.3 SELECÇÕES DE MATRIZES ORTOGONAIS

5.5 Otimização de dados geométricos
CASO 1

comprimento do passo = 34 mm, diâmetro do tubo = 27 mm, caudal mássico: 0,28 kg/s

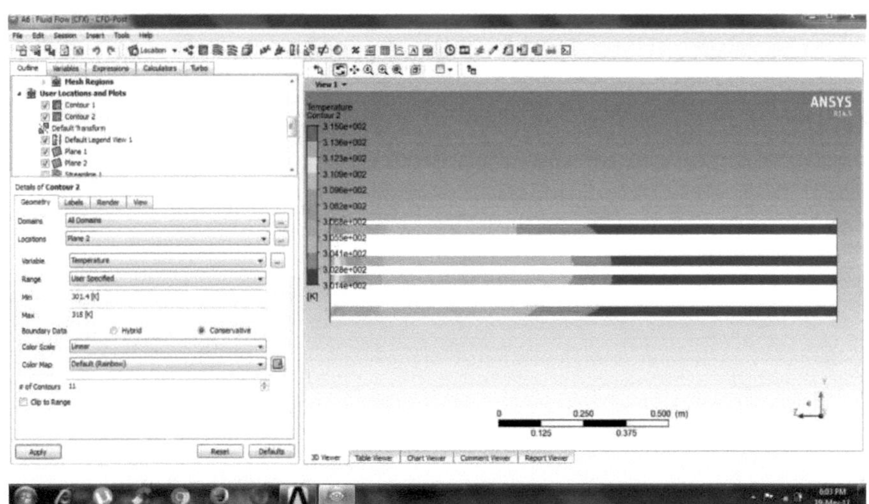

fig.5.5(a)

CASO 2

comprimento do passo: 36 mm, diâmetro do tubo: 27 mm, diâmetro do tubo: 0,31 kg/s

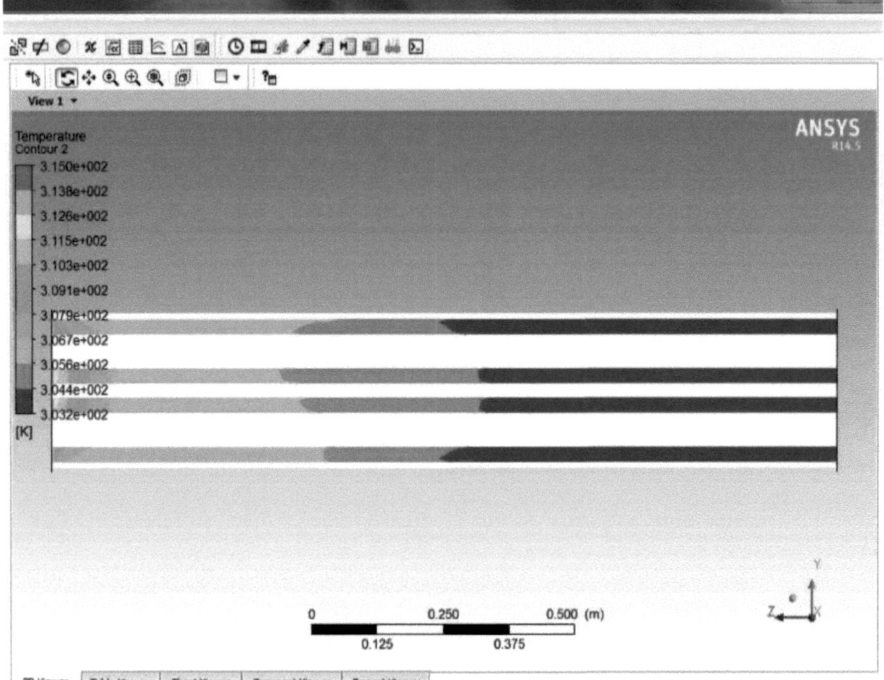

fig.5.5(b)

CASO 3

comprimento do passo: 38 mm, diâmetro do tubo: 27 mm; caudal mássico: 0,34 kg/s

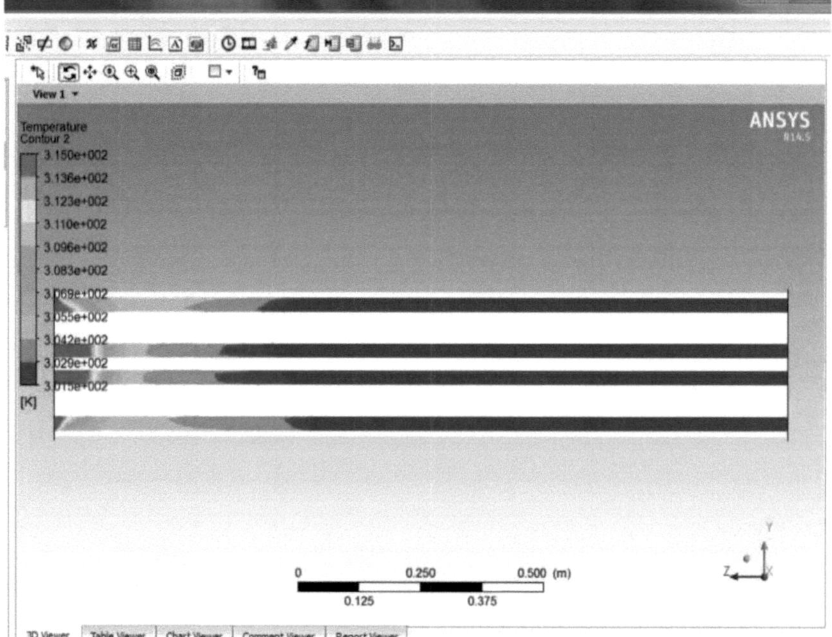

fig.5.5(c)

CASO 4

comprimento do passo: 34 mm, diâmetro do tubo: 28 mm, caudal mássico: 0,31 kg/s

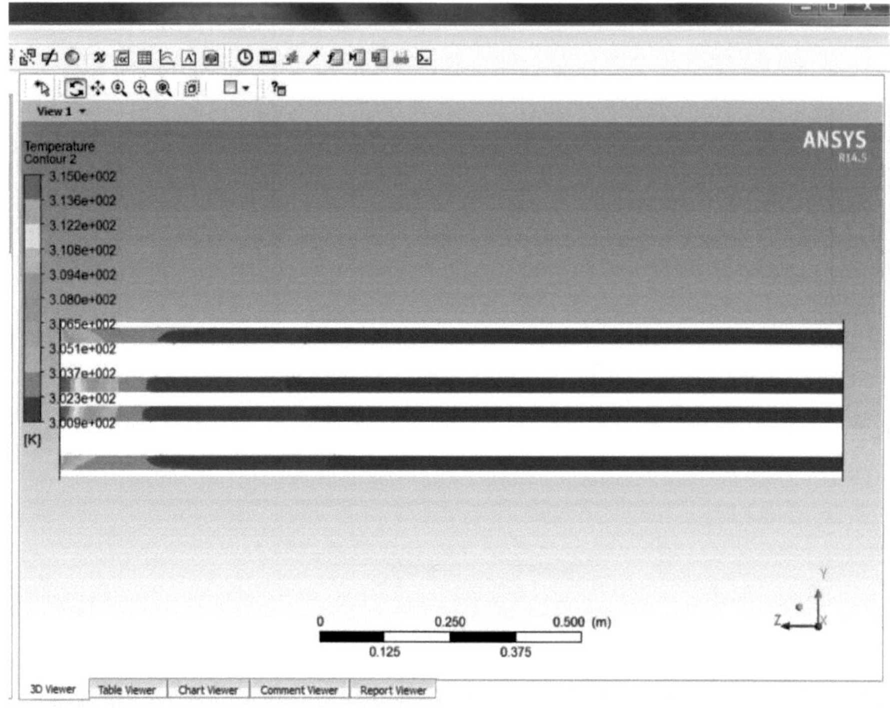

fig.5.5(d)

CASO 5

comprimento do passo: 36 mm, diâmetro do tubo: 28 mm, caudal mássico: 0,34 kg/s

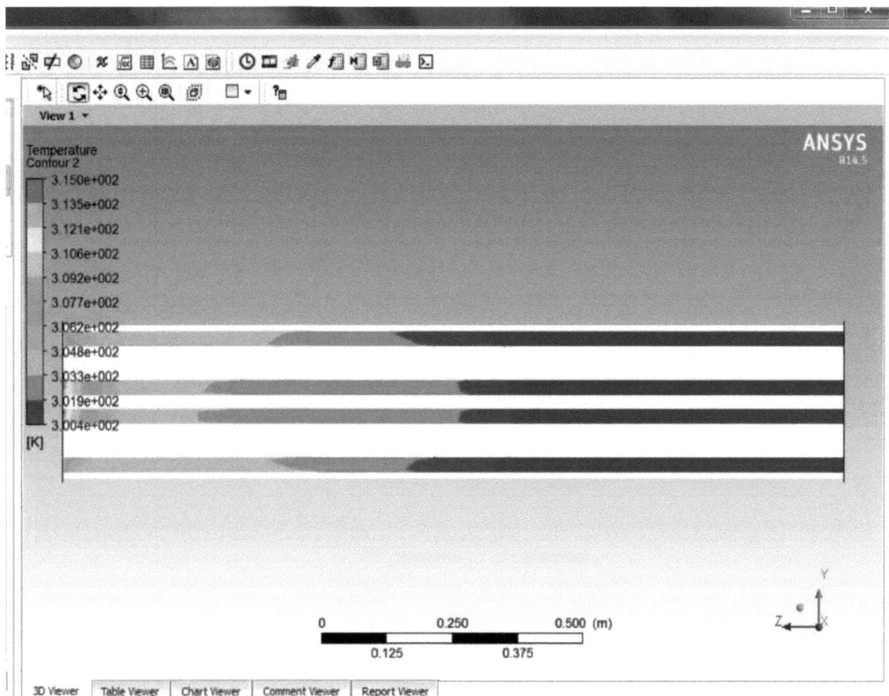

fig.5.5(e)

CASO 6

comprimento do passo: 38 mm, diâmetro do tubo: 28 mm, caudal mássico: 0,28 kg/s

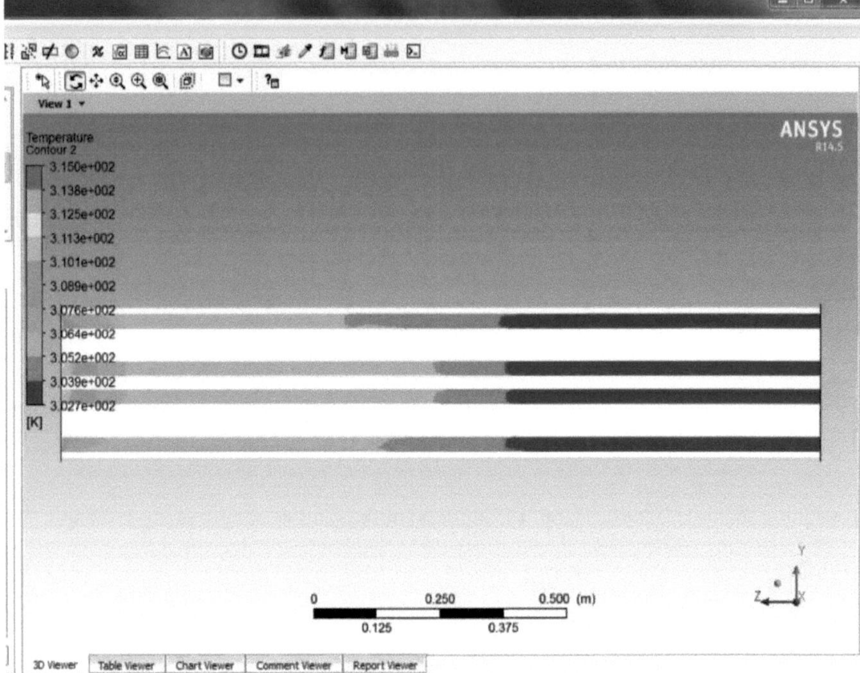

fig.5.5(f)

CASO 7

comprimento do passo: 34 mm, diâmetro do tubo: 29 mm, caudal mássico: 0,34 kg/s

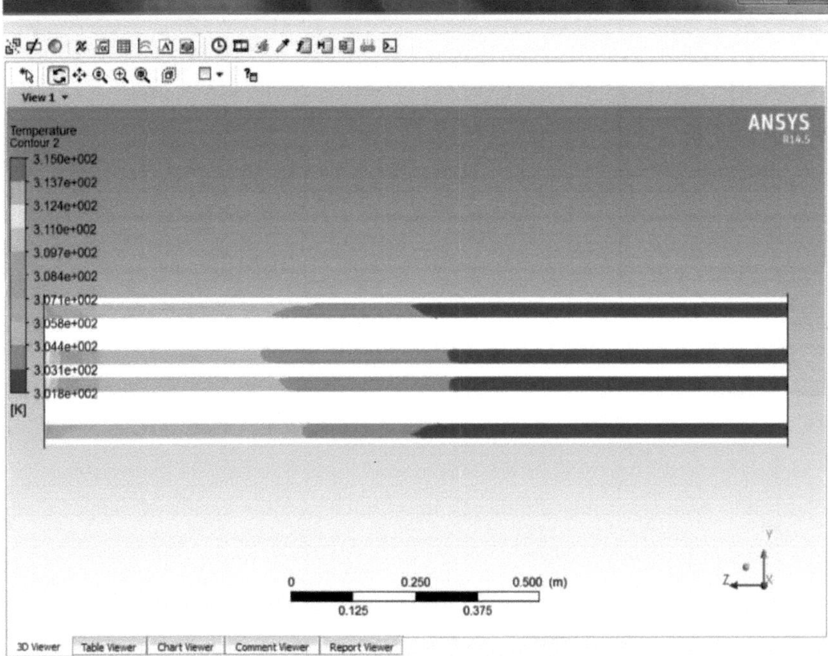

fig.5.5(g)

CASO 8

comprimento do passo: 36 mm, diâmetro do tubo: 29 mm, caudal mássico: 0,31 kg/s

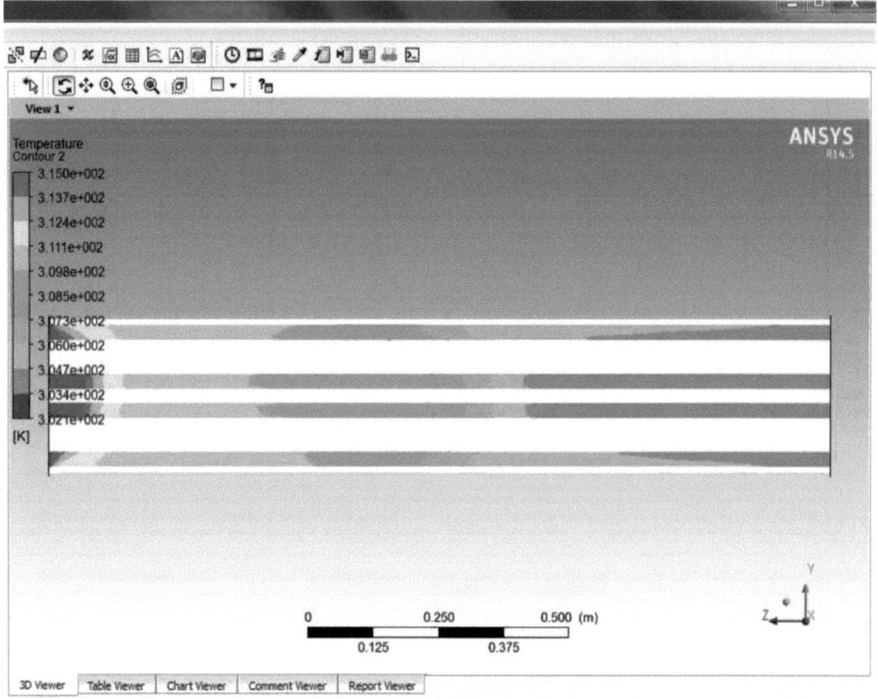

fig.5.5(h)

CASO 9

comprimento do passo: 38 mm, diâmetro do tubo: 29 mm, caudal mássico: 0,28 kg/s

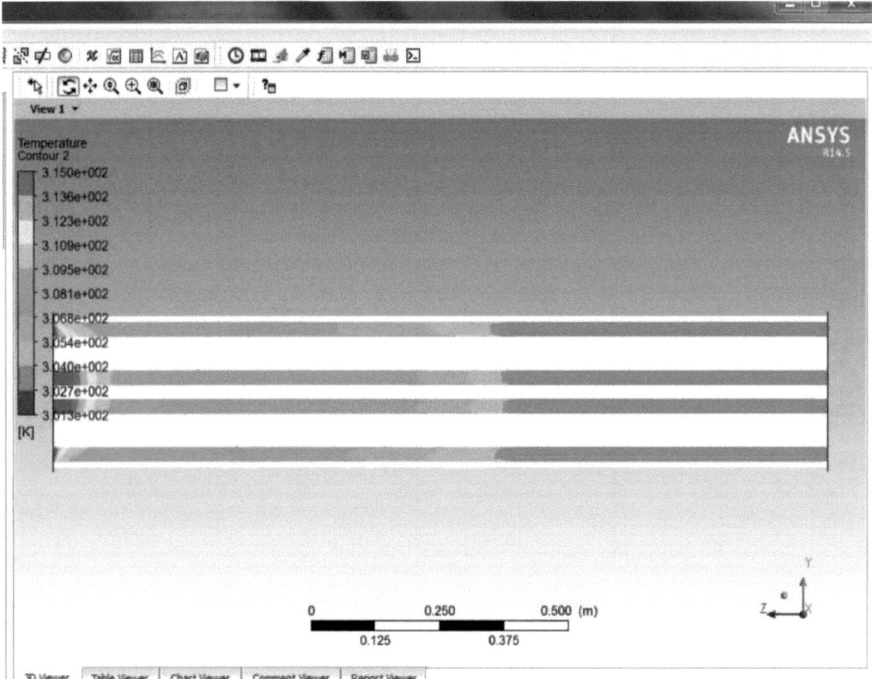

fig.5.9(i)

5.6 Tabela de resultados da otimização

RESULTADO DE NOVE CASOS

Case No.	Tube diameter	Pitch of tube	Mass flow rate	Outer Temperature(K)
1	27	34	0.28	301.4
2	27	36	0.31	303.2
3	27	38	0.34	301.5
4	28	34	0.31	300.9
5	28	36	0.34	300.4
6	28	38	0.28	302.7
7	29	34	0.34	301.8
8	29	36	0.28	302.1
9	29	38	0.31	301.3

tabela 5.6 tabela de resultados da otimização

CAPÍTULO 6
RESULTADOS E DISCUSSÃO

6.1 Resultados e discussão

O permutador de calor de casco e tubo é amplamente utilizado nas indústrias. Atualmente, o principal problema das indústrias é a eficácia do permutador de calor.

Existem vários parâmetros de desempenho do permutador de calor, como o diâmetro do tubo, o caudal mássico, o comprimento do passo, o passo longitudinal, o material do tubo, o material do invólucro, os tipos de deflectores, os ângulos dos deflectores, etc. Para melhorar a sua eficácia, os parâmetros do permutador de calor foram determinados com êxito utilizando a abordagem de Taguchi com uma matriz L9. Taguchi provou ser uma ferramenta importante para descobrir quais os parâmetros e interacções que são significativos para melhorar a eficácia do permutador de calor de casco e tubo.

Com base nos resultados práticos e no ANSYS, verificou-se que o caudal mássico e o diâmetro do tubo são os parâmetros primários e o comprimento do passo é o elemento secundário que tem um efeito de melhoria da eficácia do permutador de calor. Também a partir dos resultados da análise de Taguchi, pode concluir-se que o parâmetro ótimo para aumentar a eficácia do permutador de calor é o diâmetro do tubo de 28 mm, o comprimento do passo do tubo de 36 mm e o caudal mássico de 0,34 kg/s.

Os resultados do ANSYS e os resultados experimentais são comparados e estão em boa concordância, provando assim a força do modelo. Após a conclusão dos resultados da análise CFD, podemos dizer que a análise CFD é uma boa ferramenta para evitar trabalhos experimentais dispendiosos e demorados.

CAPÍTULO 7

BIBLIOGRAFIA

7.1 Referências

PAPÉIS

1. Arturo R L, Miguel T V & Pedro Q D. (2011) "The Design Of Heat Exchanger", science research. Vol 3 pp 911-920
2. Kakkan, S (1999). *"Heat Exchangers Selection, Rating and Thermal Design"*. pp 263-274
3. Leong kc & Toh kc (1998), *"shell and tube heat exchanger design software for educational applications"*, int.j.engng.ed. vol14 pp 217-234
4. Shah, RK (2003). *"Fundamental of heat exchanger design"* Rochster Institute of Technology. pp 381
5. Su Thet Mon Than, (2008) *"Heat Exchanger Design"*, academia mundial de ciência, engenharia e tecnologia. pp 604-611
6. Nirmal Parmar e Adil Khan, "Design validation of shell and tube heat exchanger by HTRI exchanger software 5.0", Indian journal of technical education IJTE 2012
7. Nirmal parmar, "Shell and Tube Heat Exchanger Thermal Design Optimization with flow pressure drop due to fouling", Gujarat Technological University, DOI: 10.13140/RG.2.1.2651.6241, 2012
8. Nirmal S. Parmar, Rahul Gautam Kumar, Bipin G. Vyas, "Effect of fouling on thermal and hydraulic parameter of Shell and Tube Heat Exchanger", Conferência de Estudantes 2017, Departamento de Engenharia Mecânica, Universidade Técnica Checa
9. Nirmal S. Parmar, Bipin G. Vyas, "Conceção e análise térmica do permutador de calor de casco e tubo para vários caudais mássicos em diferentes condições de incrustação no Xchanger-HTRI 5.0", Researchgate 2017

LIVROS

1. Fundamentos da transferência de calor e massa por C.P kothandaraman
2. Introdução à fundição por cera perdida por M/s. Laxminarayan .
3. Transferência de calor e massa por R.K RAJPUT.
4. Transferência de calor e massa pelo Dr. D.S Kumar.
5. An Introduction to Computational Fluid Dynamics Chapter 20 in Fluid Flow Handbook By Nasser Ashgriz & Javad Mostaghimi Department of Mechanical & Industrial Eng.University of Toronto Toronto, Ontario.
6. Introdução aos princípios básicos de CFD por Rajesh Bhaskaran Lance Collins.
7. Conceção da experiência utilizando a abordagem de taguchi por Ranjit K Roy

SÍTIO WEB

1. www.ecs.umass.edu/mie/labs/mda/fea/sankar/chap3.html
2. http://articles.compressionjobs.com/articles/oilfield-101/1856-heat-exchangers-boilers-fornos?start=8
3. http://www.thermopedia.com/content/1121/
4. http://www.thomasnet.com/articles/process-equipment/heat-exchanger-types

Printed by Books on Demand GmbH, Norderstedt / Germany